西安石油大学优秀学术著作出版基金资助

面波成像技术

李欣欣 著

图书在版编目(CIP)数据

面波成像技术 / 李欣欣著.
—北京:中国石化出版社,2019.12
ISBN 978-7-5114-5632-8

Ⅰ.①面… Ⅱ.①李… Ⅲ.①面波-微波成象 Ⅳ.
①P315.3

中国版本图书馆 CIP 数据核字(2020)第 010390 号

中国石化出版社出版发行
地址:北京市东城区安定门外大街 58 号
邮编:100011 电话:(010)57512500
发行部电话:(010)57512575
http://www.sinopec-press.com
E-mail:press@sinopec.com
北京柏力行彩印有限公司印刷
全国各地新华书店经销
*
710mm×1000mm 16 开本 8 印张 156 千字
2020 年 5 月第 1 版 2020 年 5 月第 1 次印刷
定价:64.00 元

前言

Preface

面波，是一种沿地球自由表面或界面传播的地震波场，它由地下空间的纵波与横波干涉形成，通过适当的采集与观测方式，可以获得面波的波场记录。对采集的面波信号进行处理，可以达到对地下介质结构进行探测的目的。本书从面波弹性方程基本原理出发，简述面波成像的基本理论，对常用的面波处理与成像技术进行介绍。

本书内容分为9章。第1章首先介绍地震波的分类及面波的形成机理，对面波弹性方程和频散方程进行推导，对地震面波的信号来源进行分析，进而介绍了从噪声中获取面波的理论基础。第2章主要内容为人工源面波频散计算方法，对目前流行的多道面波分析方法进行了介绍，并提出了 $F-K$ 变换法、$\tau-p$ 变换法和相移法等几种方法的改进技术。第3章主要内容为噪声源面波频散计算方法，重点对Aki公式法的原理、计算流程及影响因素进行了介绍，同时也探讨了噪声面波频散计算方法在人工源面波数据处理中应用的效果和可行性。第4章对面波频散曲线反演横波速度结构的原理和方法进行了介绍，主要包括阻尼最小二乘法和遗传—阻尼最小二乘法两种方法，并通过实例分析了遗传—阻尼最小二乘法这种线性和非线性联合反演算法的优越性。第5章对面波成像横向和纵向分辨率的影响因素进行了分析，并介绍了基于模式分离的横向高分辨率面波成像方法。第6~8章为具体的面波成像技术方法介绍，包括噪声面波成像技术、天然源双平面波成像技术以及人工源与噪声源面波联合成像技术，在相关章节中对各类方法的原理进行了较详细的阐述，并结合实例对技术流程和成像效果进行了分析和讨论。上述内容主要为面波在地下速度结构成像方面的技术和方法，第9章的内容为面波在地下介质衰减估计中的应用，主要对面波反演地下介质品质因子(Q值)的技术进行了介绍。

除本书所述内容外，面波成像技术还包括全波形反演技术、有限频率成像技术、程函方程(Eikonal)成像技术等，由于笔者研究领域所限，无法一一进行详细介绍。面波成像技术是一类不断发展、完善的技术手段，许多方法及应用还须在实践中不断探索、改进，加之笔者水平和时间有限，本书难免有疏漏和错误之处，敬请读者提出宝贵意见和建议。

目录

Contents

第1章 面波概况

面波是一种沿地球表面传播的地震波，由地下介质中的纵波与 SV 型横波干涉或 SH 型横波干涉形成，不同频率成分的面波携带了地下不同深度处的介质信息，因此可以利用面波传播的运动学与动力学特性达到对地下介质结构探测的目的。面波成像技术具有高效、无损和低成本的特点，已经广泛应用在地球内部结构探测的研究中。本章对面波的基本理论进行简要介绍，阐明面波探测地下结构的基本原理。

1887 年，英国学者 Rayleigh 在求解弹性介质的波动方程时发现了一种传播速度低于体波的地震波，并将其命名为面波(Rayleigh Wave)，随后，研究人员在天然地震的记录中证实了面波的存在。1911 年，Augustus Edward Hough Love 发展了勒夫(Love)波的理论，从数学上给出了勒夫波的解释。20 世纪 50 年代，Haskell 用矩阵方法对层状介质中瑞利面波频散曲线进行计算，发现面波在层状介质中具有频散的特性，并指出可以利用频散特性对地下介质结构信息进行探测。本章对较为常用的面波的传播理论进行介绍，然后对面波传播速度和质点位移的影响因素进行分析，最后介绍噪声源面波成像的理论基础。

1.1 地震波的分类

根据地震波的传播路径可将其分为体波与面波两大类：体波的传播路径穿透固体地球，在三维空间传播，其波前面为一个球面，因此称为体波；面波沿地球表面或介质分界面传播，能量集中于表面或界面附近，其波前沿二维平面或曲面扩散。因此，面波的能量较体波衰减更慢，在地震记录中面波振幅明显，占据波场的主导。

体波可以分为两类：纵波和横波(图 1-1)。纵波的质点振动方向与传播方向一致，并且传播速度较快，因此也被称为压缩波或首达波。横波的质点振动方向与传播方向垂直，介质质点在垂直平面内发生形变的横波称为 SV 波，介质质点在水平平面内发生形变的横波称为 SH 波，横波的传播速度比纵波慢，并且只能在固体介质中传播。

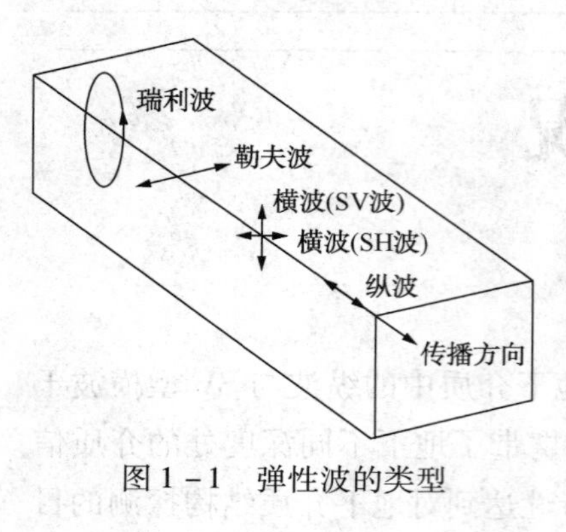

图 1 - 1　弹性波的类型

面波传播的速度比体波慢，是体波在介质界面或自由表面耦合形成的，常见的面波包括面波和勒夫波两类。面波是 P 波和 SV 波在自由表面干涉耦合的结果，其质点振动方向在垂直平面内(图 1 - 1)，质点振动轨迹为沿逆时针方向的椭圆，随着深度的增大，其振幅迅速衰减。勒夫波是 SH 波与自由表面作用的结果，其质点在水平面内振动(图 1 - 1)，振动方向与传播方向垂直。

1.2　地震波基本方程

地震波基本方程是对地震波传播物理过程的数学描述，也是利用地震波进行成像和地下结构探测的理论基础。本节推导地震波传播的基本方程，考虑图 1 - 2 所示均匀弹性介质中一个无限小体积元的受力问题，可得到弹性波三维运

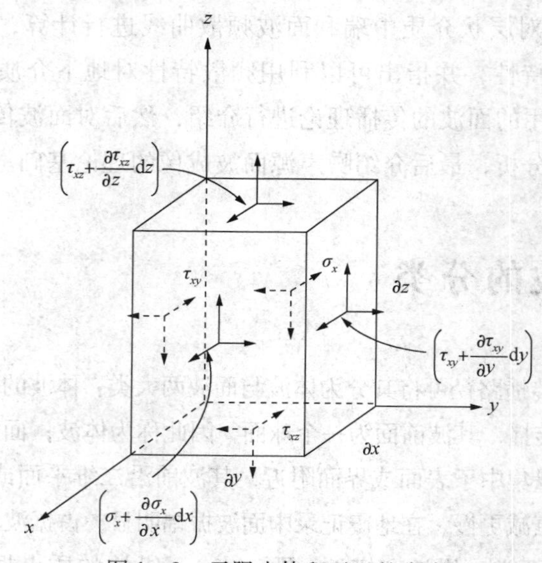

图 1 - 2　无限小体积元上的应力

动方程，体积元各面上的受力可用作用在其中心位置的应力来表示，各方向的合力满足牛顿第二定律，首先考虑 x 方向的受力情况：

$$\left(\sigma_x+\frac{\partial\sigma_x}{x}\mathrm{d}x\right)\mathrm{d}y\mathrm{d}z-\sigma_x\mathrm{d}y\mathrm{d}z+\left(\tau_{xy}+\frac{\partial\tau_{xy}}{\partial y}\right)\mathrm{d}x\mathrm{d}z-\tau_{xy}\mathrm{d}x\mathrm{d}z+$$
$$\left(\tau_{xz}+\frac{\partial\tau_{xz}}{\partial z}\right)\mathrm{d}x\mathrm{d}y-\tau_{xz}\mathrm{d}x\mathrm{d}y=\rho\mathrm{d}x\mathrm{d}y\mathrm{d}z\frac{\partial^2u}{\partial t^2}\tag{1-1}$$

式中，σ 为正应力；τ 为切应力。

同理，对 y 和 z 方向做相同处理，并简化方程，可得应力表示的均匀弹性介质中的三维运动方程如下：

$$\rho\frac{\partial^2u}{\partial t^2}=\frac{\partial\sigma_x}{\partial x}+\frac{\partial\tau_{xy}}{\partial y}+\frac{\partial\tau_{xz}}{\partial z}\tag{1-2a}$$

$$\rho\frac{\partial^2v}{\partial t^2}=\frac{\partial\tau_{yx}}{\partial x}+\frac{\partial\sigma_y}{\partial y}+\frac{\partial\tau_{yz}}{\partial z}\tag{1-2b}$$

$$\rho\frac{\partial^2w}{\partial t^2}=\frac{\partial\sigma_{zx}}{\partial x}+\frac{\partial\tau_{zy}}{\partial y}+\frac{\partial\sigma_z}{\partial z}\tag{1-2c}$$

式中，u、v、w 分别为 x、y、z 方向的位移，应力与应变的关系为：

$$\begin{cases}\sigma_x=\lambda\bar{\varepsilon}+2\mu\varepsilon_x & \tau_{xy}=\tau_{yx}=\mu\gamma_{xy}\\ \sigma_y=\lambda\bar{\varepsilon}+2\mu\varepsilon_y & \tau_{yz}=\tau_{zy}=\mu\gamma_{yz}\\ \sigma_z=\lambda\bar{\varepsilon}+2\mu\varepsilon_z & \tau_{zx}=\tau_{xz}=\mu\gamma_{zx}\\ \mu=\dfrac{E}{2(1+\nu)} & \lambda=\dfrac{\nu E}{(1+\nu)(1-2\nu)}\end{cases}\tag{1-3}$$

式中，ν 为介质的泊松比；λ 和 μ 为拉梅系数；E 为弹性模量；$\bar{\varepsilon}=\varepsilon_x+\varepsilon_y+\varepsilon_z$ 为体应变。应变与位移之间的关系为：

$$\begin{cases}\varepsilon_x=\dfrac{\partial u}{\partial x},\gamma_{xy}=\dfrac{\partial v}{\partial x}+\dfrac{\partial u}{\partial y},\overline{\omega_x}=\dfrac{1}{2}\left(\dfrac{\partial w}{\partial y}-\dfrac{\partial v}{\partial z}\right)\\ \varepsilon_y=\dfrac{\partial v}{\partial y},\gamma_{yz}=\dfrac{\partial w}{\partial y}+\dfrac{\partial v}{\partial z},\overline{\omega_y}=\dfrac{1}{2}\left(\dfrac{\partial u}{\partial z}-\dfrac{\partial w}{\partial x}\right)\\ \varepsilon_z=\dfrac{\partial w}{\partial z},\gamma_{xy}=\dfrac{\partial u}{\partial z}+\dfrac{\partial w}{\partial x},\overline{\omega_z}=\dfrac{1}{2}\left(\dfrac{\partial v}{\partial x}-\dfrac{\partial u}{\partial y}\right)\end{cases}\tag{1-4}$$

式中，$\bar{\omega}$ 为关于每个坐标轴的旋转角位移。

将式(1-3)和式(1-4)代入式(1-2)得到位移表示的三维波动方程为：

$$\rho\frac{\partial^2u}{\partial t^2}=(\lambda+\mu)\frac{\partial\bar{\varepsilon}}{\partial x}+\mu\nabla^2u\tag{1-5a}$$

$$\rho\frac{\partial^2v}{\partial t^2}=(\lambda+\mu)\frac{\partial\bar{\varepsilon}}{\partial y}+\mu\nabla^2v\tag{1-5b}$$

$$\rho \frac{\partial^2 w}{\partial t^2} = (\lambda + \mu) \frac{\partial \bar{\varepsilon}}{\partial z} + \mu \nabla^2 w \tag{1-5c}$$

式中，$\nabla^2 = \frac{\partial^2}{\partial x^2} + \frac{\partial^2}{\partial y^2} + \frac{\partial^2}{\partial z^2}$为 Laplace 算子。

将式(1-5)中的3个方程对x、y、z求偏导，然后将所得结果相加可以得到P波的波动方程：

$$\frac{\partial^2 \bar{\varepsilon}}{\partial t^2} = \frac{(\lambda + 2\mu)}{\rho} \nabla^2 \bar{\varepsilon} \tag{1-6}$$

或写为：

$$\frac{\partial^2 \bar{\varepsilon}}{\partial t^2} = v_P^2 \nabla^2 \bar{\varepsilon} \tag{1-7}$$

其中，

$$v_P^2 = \frac{(\lambda + 2\mu)}{\rho} \tag{1-8}$$

体应变$\bar{\varepsilon}$不包含剪切应变和旋转项，因此，上述波动方程描述的是一个无旋波或胀缩波方程，且其在介质中的传播速度为v_P。令式(1-5b)对z求偏导，式(1-5c)对y求偏导，并将得到的结果消去体应变$\bar{\varepsilon}$项，可得S波的波动方程：

$$\rho \frac{\partial^2}{t^2}\left(\frac{\partial w}{\partial y} - \frac{\partial v}{\partial z}\right) = \mu \nabla^2 \left(\frac{\partial w}{\partial y} - \frac{\partial v}{\partial z}\right) \tag{1-9}$$

利用式(1-4)中的旋度定义将上式重写为：

$$\frac{\partial^2 \overline{\omega_x}}{\partial t^2} = \frac{\mu}{\rho} \nabla^2 \overline{\omega_x} \tag{1-10}$$

或：

$$\frac{\partial^2 \overline{\omega_x}}{\partial t^2} = v_S^2 \nabla^2 \overline{\omega_x} \tag{1-11}$$

其中，

$$v_S^2 = \frac{\mu}{\rho} \tag{1-12}$$

由于上述波动方程仅含有旋转分量，因此，其描述的是一个沿x方向传播的等体积波或畸变波(S波)，S波在介质中的传播速度为v_S，由式(1-11)和式(1-1)知，v_P与v_S之比为：

$$\frac{v_P}{v_S} = \sqrt{\frac{\lambda + 2\mu}{\mu}} = \sqrt{\frac{2 - 2\nu}{1 - 2\nu}} \tag{1-13}$$

1.3 均匀弹性半空间中的面波方程

上节中推导了地震体波的基本方程，下面讨论在均匀半空间中传播的面波波动方程。面波在地球的自由表面处传播，其质点振动的位移随深度的增加而衰减(图1－3)。

设自由表面位于 $z=0$ 的平面上，z 方向垂直向下，引入势函数 Φ 和 Ψ 分别表示 x 及 z 方向的位移 u 和 w，则：

$$\begin{cases} u = \dfrac{\partial \Phi}{\partial x} - \dfrac{\partial \Psi}{\partial z} \\ w = \dfrac{\partial \Phi}{\partial z} + \dfrac{\partial \Psi}{\partial x} \end{cases} \qquad (1-14)$$

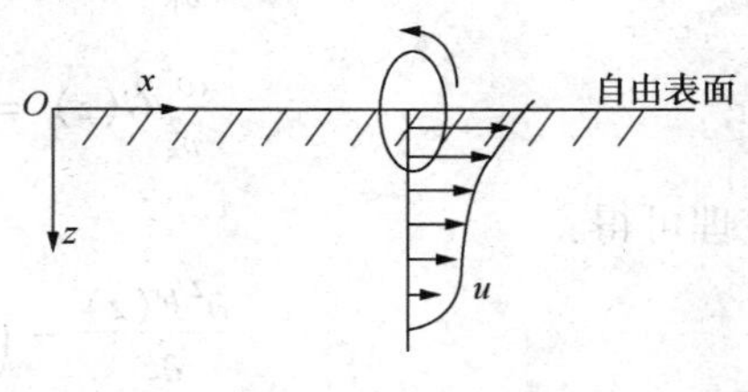

图1－3 均匀半空间中的面波

则一个平面波的体应变和旋转应变可以表示为：

$$\begin{cases} \bar{\varepsilon} = \dfrac{\partial u}{\partial x} + \dfrac{\partial w}{\partial z} = \dfrac{\partial}{\partial x}\left(\dfrac{\partial \Phi}{\partial x} - \dfrac{\partial \Psi}{\partial z}\right) + \dfrac{\partial}{\partial z}\left(\dfrac{\partial \Phi}{\partial z} + \dfrac{\partial \Psi}{\partial x}\right) = \dfrac{\partial^2 \Phi}{\partial x^2} + \dfrac{\partial^2 \Phi}{\partial z^2} = \nabla^2 \Phi \\ 2\overline{\omega_y} = \dfrac{\partial u}{\partial z} - \dfrac{\partial w}{\partial x} = \dfrac{\partial}{\partial z}\left(\dfrac{\partial \Phi}{\partial x} - \dfrac{\partial \Psi}{\partial z}\right) - \dfrac{\partial}{\partial x}\left(\dfrac{\partial \Phi}{\partial z} + \dfrac{\partial \Psi}{\partial x}\right) = -\dfrac{\partial^2 \Psi}{\partial x^2} - \dfrac{\partial^2 \Psi}{\partial z^2} = -\nabla^2 \Psi \end{cases}$$

$$(1-15)$$

式中，$\nabla^2 = \dfrac{\partial^2}{\partial x^2} + \dfrac{\partial^2}{\partial z^2}$ 为Laplace算子，这样，P波与S波通过势函数区分开来，P波由 Φ 表示，S波由 Ψ 表示，将式(1－14)代入式(1－15)得：

$$\begin{cases} \rho \dfrac{\partial}{\partial x}\left(\dfrac{\partial^2 \Phi}{\partial t^2}\right) - \rho \dfrac{\partial}{\partial z}\left(\dfrac{\partial^2 \Psi}{\partial t^2}\right) = (\lambda + 2\mu)\dfrac{\partial}{\partial x}(\nabla^2 \Phi) - \mu \dfrac{\partial}{\partial z}(\nabla^2 \Psi) \\ \rho \dfrac{\partial}{\partial z}\left(\dfrac{\partial^2 \Phi}{\partial t^2}\right) + \rho \dfrac{\partial}{\partial x}\left(\dfrac{\partial^2 \Psi}{\partial t^2}\right) = (\lambda + 2\mu)\dfrac{\partial}{\partial z}(\nabla^2 \Phi) + \mu \dfrac{\partial}{\partial x}(\nabla^2 \Psi) \end{cases} \qquad (1-16)$$

对上式中的 $\dfrac{\partial^2 \Phi}{\partial t^2}$ 和 $\dfrac{\partial^2 \Psi}{\partial t^2}$ 求解得：

$$\frac{\partial^2 \Phi}{\partial t^2} = \frac{\lambda + 2\mu}{\rho}\nabla^2 \Phi = v_{\mathrm{P}}^2 \nabla^2 \Phi \qquad (1-17\mathrm{a})$$

$$\frac{\partial^2 \Psi}{\partial t^2} = \frac{\mu}{\rho}\nabla^2 \Psi = v_{\mathrm{S}}^2 \nabla^2 \Psi \qquad (1-17\mathrm{b})$$

面波传播时介质的质点在 xOz 平面内振动，因此由式(1－14)和式(1－17)可知，面波是P波和SV波在地球表面干涉的结果。若以 $F(z)$ 和 $G(z)$ 分别描述面波质点位移的胀缩分量和旋转分量随深度的变化情况，则面波的势函数可表示为：

$$\Phi = F(z)\mathrm{e}^{i(\omega t - kx)} \tag{1-18a}$$

$$\Psi = G(z)\mathrm{e}^{i(\omega t - kx)} \tag{1-18b}$$

式中，ω 为面波的角频率；k 为波数，$k = 2\pi / L_{\mathrm{R}}$，$L_{\mathrm{R}}$ 为面波的波长。将式(1-18)代入式(1-17)得：

$$-\frac{\omega^2}{v_{\mathrm{P}}^2}F(z) = -k^2F(z) + \frac{\partial^2 F(z)}{\partial z^2} \tag{1-19a}$$

$$-\frac{\omega^2}{v_{\mathrm{S}}^2}G(z) = -k^2G(z) + \frac{\partial^2 G(z)}{\partial z^2} \tag{1-19b}$$

整理可得：

$$\frac{\partial^2 F(z)}{\partial z^2} - \left(k^2 - \frac{\omega^2}{v_{\mathrm{P}}^2}\right)F(z) = 0 \tag{1-20a}$$

$$\frac{\partial^2 G(z)}{\partial z^2} - \left(k^2 - \frac{\omega^2}{v_{\mathrm{S}}^2}\right)G(z) = 0 \tag{1-20b}$$

上述方程为二阶偏微分方程，其通解可表示为：

$$F(z) = A_1\mathrm{e}^{-qz} + B_1\mathrm{e}^{qz} \tag{1-21a}$$

$$G(z) = A_2\mathrm{e}^{-qz} + B_2\mathrm{e}^{qz} \tag{1-21b}$$

其中，

$$q^2 = k^2 - \frac{\omega^2}{v_{\mathrm{P}}^2} \tag{1-22a}$$

$$s^2 = k^2 - \frac{\omega^2}{v_{\mathrm{S}}^2} \tag{1-22b}$$

由于面波质点位移随深度增加而迅速衰减，因此，$B_1 = B_2 = 0$，则其势函数可表示为：

$$\Phi = A_1\mathrm{e}^{-qz + i(\omega t - kx)} \tag{1-23a}$$

$$\Psi = A_2\mathrm{e}^{-sz + i(\omega t - kx)} \tag{1-23b}$$

由于自由表面应力为零，根据式(1-3)和式(1-4)，自由表面的边界条件为：

$$\left[\sigma_z = \lambda\bar{\varepsilon} + 2\mu\varepsilon_z = \lambda\left(\frac{\partial u}{\partial x} + \frac{\partial w}{\partial z}\right) + 2\mu\frac{\partial w}{\partial z}\right]\bigg|_{z=0} = 0 \tag{1-24a}$$

$$\left[\tau_{zx} = \mu\gamma_{zx} = \mu\left(\frac{\partial w}{\partial x} + \frac{\partial u}{\partial z}\right)\right]\bigg|_{z=0} = 0 \tag{1-24b}$$

根据式(1-14)和式 (1-23)，上式可变为：

$$\{A_1[(\lambda + 2\mu)q^2 - \lambda k^2] + 2i A_2\mu ks\}\mathrm{e}^{i(\omega t - kx)} = 0 \tag{1-25a}$$

$$[2i A_1kq - A_2(s^2 + k^2)]\mathrm{e}^{i(\omega t - kx)} = A \tag{1-25b}$$

为满足有效解的存在，上式满足条件：

$$A_1[(\lambda+2\mu)q^2-\lambda k^2]+2iA_2\mu ks=0 \tag{1-26a}$$

$$2iA_1kq-A_2(s^2+k^2)=0 \tag{1-26b}$$

整理得：

$$\frac{A_1}{A_2}\frac{(\lambda+2\mu)q^2-\lambda k^2}{2i\mu ks}+1=0 \tag{1-27a}$$

$$\frac{A_1}{A_2}\frac{2ikq}{(s^2+k^2)}-1=0 \tag{1-27b}$$

合并上式，并消去 A_1/A_2 得：

$$\frac{(\lambda+2\mu)q^2-\lambda k^2}{2i\mu ks}=-\frac{2ikq}{(s^2+k^2)} \tag{1-28}$$

整理得：

$$4i\mu qsk^2=(s^2+k^2)[(\lambda+2\mu)q^2-\lambda k^2] \tag{1-29}$$

将上式两端同时平方，并代入式(1－22)得：

$$16\mu^2k^4\left(k^2-\frac{\omega^2}{v_P^2}\right)\left(k^2-\frac{\omega^2}{v_S^2}\right)=\left[\left(k^2-\frac{\omega^2}{v_S^2}\right)+k^2\right]^2\left[(\lambda+2\mu)\left(k^2-\frac{\omega^2}{v_P^2}\right)-\lambda k^2\right]^2 \tag{1-30}$$

将式(1－30)两端同时除以 μ^2k^8 得：

$$16\left(1-\frac{\omega^2}{v_P^2k^2}\right)\left(1-\frac{\omega^2}{v_S^2k^2}\right)=\left(2-\frac{\omega^2}{v_S^2k^2}\right)^2\left(2-\frac{\lambda+2\mu}{\mu}\frac{\omega^2}{v_P^2k^2}\right)^2 \tag{1-31}$$

再令：

$$k=\frac{\omega}{v_R} \tag{1-32a}$$

$$K=\frac{\omega}{v_Sk}=\frac{v_R}{v_S} \tag{1-32b}$$

$$a=\sqrt{\frac{\mu}{\lambda+2\mu}}=\frac{v_S}{v_P} \tag{1-32c}$$

$$aK=\frac{\omega}{v_Pk}=\frac{\omega}{v_Sk\sqrt{\dfrac{\lambda+2\mu}{\mu}}}=\frac{v_R}{v_P} \tag{1-32d}$$

式中，K 为面波的相速度与横波速度的比值。

在均匀半空间中，面波无频散现象，因此面波速度仅与横波速度和介质的泊松比有关，将式(1－32)代入式(1－31)可得：

$$16(1-a^2K^2)(1-K^2)=(2-K^2)^2\left(2-\frac{1}{a^2}a^2K^2\right)^2=(2-K^2)^4 \tag{1-33}$$

整理可得：

$$K^6 - 8K^4 + (24 - 16a^2)K^2 + 16(a^2 - 1) = 0 \tag{1-34}$$

式(1－34)为一个关于 k^2 的三次方程，Viktorov 给出了该式的近似解，表达式为：

$$K = \frac{0.87 + 1.12\nu}{1 + \nu} \tag{1-35}$$

式中，ν 为泊松比。

当泊松比已知时，可以求出 $\frac{v_R}{v_S}$ 和 $\frac{v_P}{v_S}$ 的值，图 1－4 所示为泊松比从在 0 ~ 0.5 范围内变化时，$\frac{v_R}{v_S}$ 和 $\frac{v_P}{v_S}$ 的变换曲线。可见，v_R 与 v_S 非常接近。

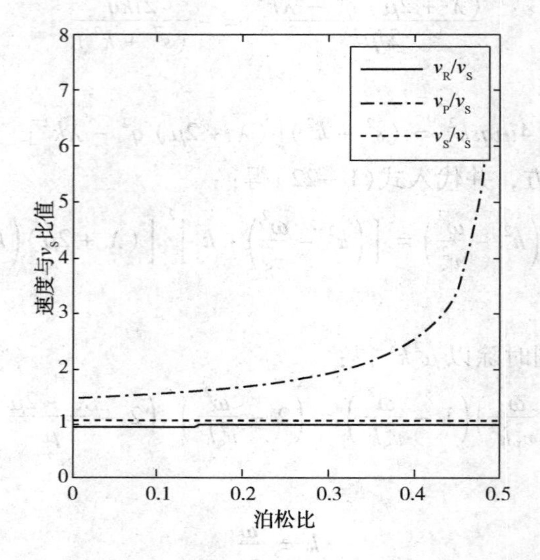

图 1－4　均匀半空间中 v_P 、v_R 与 v_S 之间的关系

将式(1－23)代入式(1－14)，可以得到面波在介质中传播时，介质质点的位移为：

$$u = \frac{\partial \Phi}{\partial x} - \frac{\partial \Psi}{\partial z} = -A_1 ik e^{-qz+i(\omega t-kx)} + A_2 s e^{-sz+i(\omega t-kx)} \tag{1-36a}$$

$$w = \frac{\partial \Phi}{\partial z} + \frac{\partial \Psi}{\partial x} = -A_1 q e^{-qz+i(\omega t-kx)} - A_2 ik e^{-sz+i(\omega t-kx)} \tag{1-36b}$$

由式(1－27b)知：

$$A_2 = \frac{2ikq}{s^2 + k^2} A_1 \tag{1-37}$$

代入式(1－36)得：

$$u = A_1\left(-ik e^{-qz} + \frac{2ikqs}{s^2 + k^2}\right) e^{i(\omega t-kx)} \tag{1-38a}$$

$$w = A_1\left(-q\mathrm{e}^{-qz} + \frac{2qk^2}{s^2 + k^2}\mathrm{e}^{-sz}\right)\mathrm{e}^{i(\omega t - kx)} \tag{1-38b}$$

式(1－38)还可表示为：

$$u = A_1 ik\left[-\mathrm{e}^{-\frac{q}{k}kz} + \frac{2\frac{q}{k}\cdot\frac{s}{k}}{\left(\frac{s}{k}\right)^2 + 1}\mathrm{e}^{-\frac{s}{k}kz}\right]\mathrm{e}^{i(\omega t - kx)} \tag{1-39a}$$

$$w = A_1 k\left[-\frac{q}{k}\mathrm{e}^{-\frac{q}{k}kz} + \frac{2\frac{q}{k}}{\left(\frac{s}{k}\right)^2 + 1}\mathrm{e}^{-\frac{s}{k}kz}\right]\mathrm{e}^{i(\omega t - kx)} \tag{1-39b}$$

由式(1－39)可知，面波质点位移随深度变化的关系式为：

$$u(z) = -\mathrm{e}^{-\frac{q}{k}kz} + \frac{2\frac{q}{k}\cdot\frac{s}{k}}{\left(\frac{s}{k}\right)^2 + 1}\mathrm{e}^{-\frac{s}{k}kz} \tag{1-40a}$$

$$w(z) = -\frac{q}{k}\mathrm{e}^{-\frac{q}{k}kz} + \frac{2\frac{q}{k}}{\left(\frac{s}{k}\right)^2 + 1}\mathrm{e}^{-\frac{s}{k}kz} \tag{1-40b}$$

由式(1－22)得：

$$\frac{q^2}{k^2} = 1 - \frac{\omega^2}{k^2 v_{\mathrm{P}}^2} \tag{1-41a}$$

$$\frac{s^2}{k^2} = 1 - \frac{\omega^2}{k^2 v_{\mathrm{S}}^2} \tag{1-41b}$$

在由式(1－32b)和式(1－32d)知：

$$\frac{q}{k} = \sqrt{1 - (aK)^2} \tag{1-42a}$$

$$\frac{s}{k} = \sqrt{1 - k^2} \tag{1-42b}$$

根据波数 k 与波长 L_{R} 的关系以及式(1－32c)、式(1－35)、式(1－40)和式(1－42)，在给定泊松比时，就可以计算位移 $u(z)$ 和 $w(z)$ 与 z/L_{R} 之间的变化关系。图1－5绘制了不同泊松比时，归一化的面波质点位移随深度的变化曲线，可见，随着深度的增大，位移迅速衰减，当深度为一个波长时，质点的位移已衰减为自由表面处的1/5，因此，研究人员通常认为面波的穿透深度约为1个波长的范围。

面波在传播过程中的波前面为圆柱形，随着波前扩散，单位面积上的能量随着传播距离的增大而减小，若传播距离为 r，则面波的衰减率为 $1/\sqrt{r}$，而体波(P 波和 S 波)在弹性半空间内随距离 r 按 $1/r$ 衰减，因此面波的能量衰减更慢，在地震记录中占据主导能量(图 1－6)，拥有更高的信噪比，这是面波勘探的一大优势。

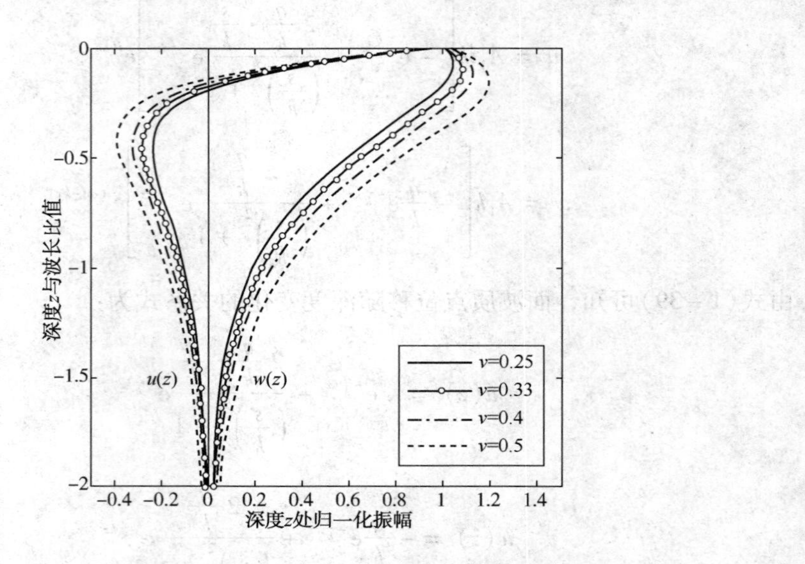

图 1－5　面波质点位移随深度变化曲线

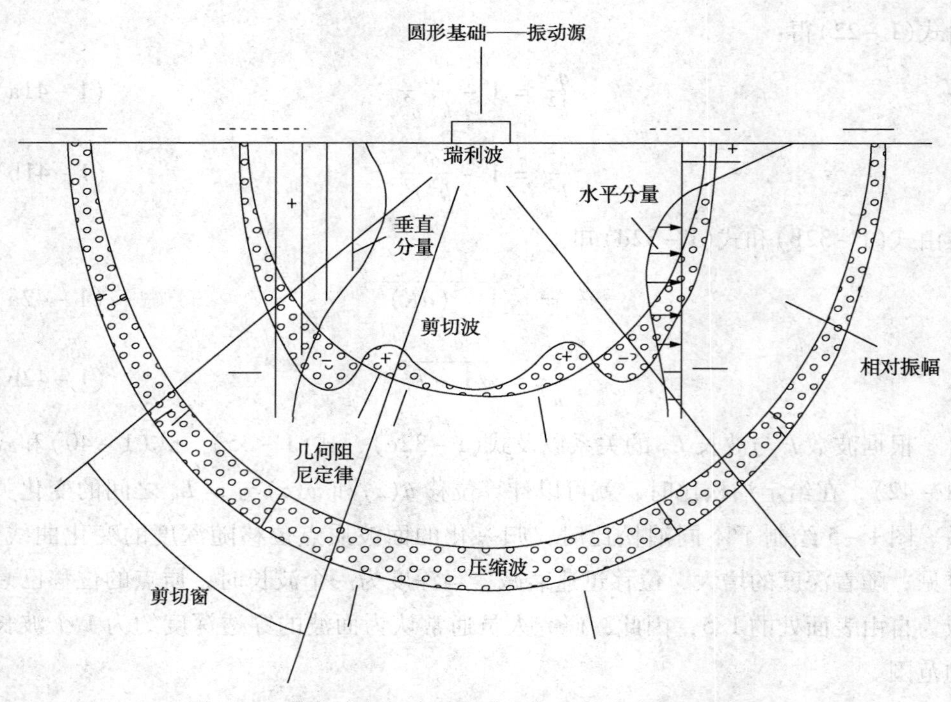

图 1－6　均匀半空间中垂直激发产生各种波的能量分配

1.4 面波的频散方程

实际的介质往往是非均匀的，面波在非均匀介质中传播时，不同频率成分的面波波具有不同的传播速度，即频散现象。以面波为例，在地震记录中面波表现为具有一定宽度的波包(图 1 –7)，由于面波的穿透深度约为一个波长范围，因此，面波在某频率的相速度主要反映了一个波长范围内介质的平均性质。不同频率成分的面波具有不同的穿透深度，携带了不同深度的地层信息，通过对频散信息进行分析，可以达到探测地下介质结构的目的，频散曲线具有多模式发育的特点，同一频率对应多个传播速度，其高阶模式频散曲线通常对地下较深的介质信息敏感。

面波的频散特性是其对地下介质结构进行探测的基础，在面波成像中，由震源激发的具有丰富频率成分的信号，经过接收和处理能够得到面波的频散曲线(图 1 –8)，利用频散曲线能够达到对地下介质进行探测的目的。

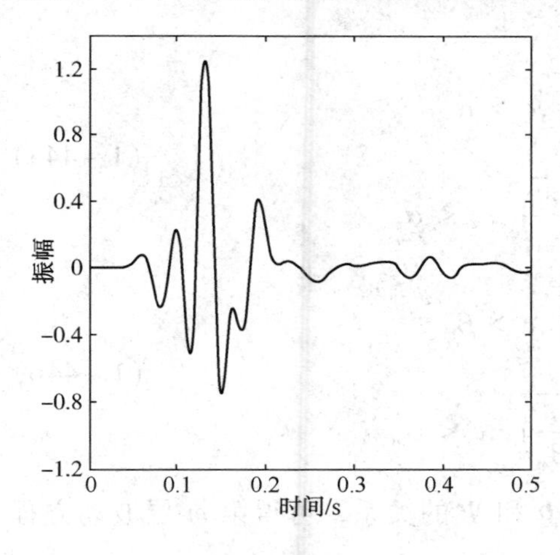

图 1 –7　面波波形

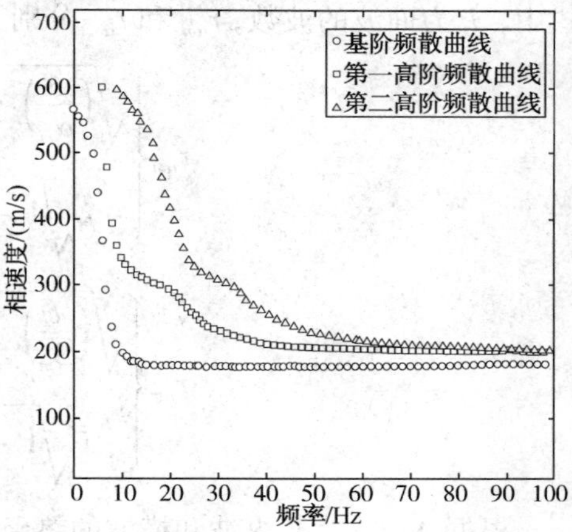

图 1 –8　面波频散曲线

1953 年，Haskell 首先提出了传递矩阵方法计算层状地球模型的瑞利面波理论频散曲线，之后 Schwab 和 Knopoff 对该方法进行了改进，通过矩阵分解变换简化了频散函数，提出了快速 Schwab – Knopoff 算法，提高了运算的效率。1965 年，Thrower 和 Dunkin 将 delta 矩阵算法应用在面波频散曲线的计算中，避免了数值精度损失。1979 年 Abo – Zena 改进了传递矩阵法，解决了频散方程的高频数值不稳定性问题。1996 年，Buchen 对上述理论频散曲线计算方法的效果进行了对比研究，并提出了快速 delta 矩阵算法。下面介绍 Knopoff 改进的 Thomson –

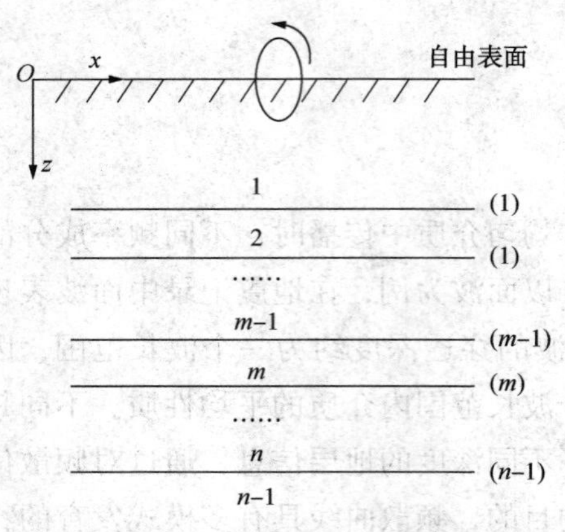

图 1-9　均匀水平层状介质模型

Haskell 计算方法。

设有一 n 层水平层状各向同性弹性介质(图 1-9)，在其中传播的面波相速度记为 c，介质各层厚度为 d_m，深度为 z_m，密度为 ρ_m，拉梅常数为 λ_m 和 μ_m，纵波速度为 $\alpha_m = \sqrt{(\lambda_m + 2\mu_m)/\rho_m}$，横波速度为 $\beta_m = \mu_m/\rho_m$，u 和 w 分别为质点在 x 和 z 方向的位移，σ 和 τ 分别为法向应力和切向应力，则在 xOz 二维空间，第 m 层质点受到的胀缩扰动和角度扰动分别为：

$$\Delta_m = \frac{\partial u}{\partial x} + \frac{\partial w}{\partial z} = e^{i(\omega t - kx)}(\Delta'_m e^{-ikr_{\alpha m}z} + \Delta''_m e^{ikr_{\alpha m}z}) \tag{1-43a}$$

$$\omega_m = \frac{1}{2}\left(\frac{\partial u}{\partial z} - \frac{\partial w}{\partial x}\right) = e^{i(\omega t - kx)}(\omega'_m e^{-ikr_{\beta m}z} + \omega''_m e^{ikr_{\beta m}z}) \tag{1-43b}$$

式中，k 为面波的波数，$r_{\alpha m}$ 和 $r_{\alpha m}$ 分别为：

$$r_{\alpha m}\begin{cases}\sqrt{\left(\frac{c}{\alpha_m}\right)^2 - 1}, c > \alpha_m \\ -i\sqrt{1 - \left(\frac{c}{\alpha_m}\right)^2}, c < \alpha_m\end{cases} \tag{1-44a}$$

$$r_{\alpha m}\begin{cases}\sqrt{\left(\frac{c}{\beta_m}\right)^2 - 1}, c > \beta_m \\ -i\sqrt{1 - \left(\frac{c}{\beta_m}\right)^2}, c < \beta_m\end{cases} \tag{1-44b}$$

根据 Δ_m 、ω_m 与纵波和横波的势函数 Φ 和 Ψ 的关系，可得第 m 层波动方程的解为：

$$\Phi_m = -\left(\frac{\alpha_m}{\omega}\right)^2 \Delta_m = -\left(\frac{\alpha_m}{\omega}\right)^2 e^{i(\omega t - kx)}(\Delta'_m e^{-ikr_{\alpha m}z} + \Delta''_m e^{ikr_{\alpha m}z}) \tag{1-45a}$$

$$\Psi_m = 2\left(\frac{\beta_m}{\omega}\right)^2 \omega_m = 2\left(\frac{\beta_m}{\omega}\right)^2 e^{i(\omega t - kx)}(\omega'_m e^{-ikr_{\beta m}z} + \omega''_m e^{ikr_{\beta m}z}) \tag{1-45b}$$

式中，Δ'_m、Δ''_m、ω'_m、ω''_m为常系数；当$r_{\alpha m}$为实数时，Δ'_m表示沿与 z 轴正方向夹角$\cot^{-1} r_{\alpha m}$方向传播的平面波，即通过层状介质传播的下行体波，Δ''_m表示沿与 z 轴负方向夹角$\cot^{-1} r_{\alpha m}$方向传播的上行体波；当$r_{\alpha m}$为虚数时，Δ'_m和 Δ''_m均表示沿 x 轴

方向传播的面波，振幅随着深度增大而指数衰减。ω'_m和ω''_m的意义对应于上述$r_{\alpha m}$改为$r_{\beta m}$时的情形。

介质的第 m 个界面处的位移及应力分别为：

$$u_m = \frac{\partial \Phi_m}{\partial x} - \frac{\partial \Psi_m}{\partial z} = -\left(\frac{\alpha_m}{\omega}\right)^2 \frac{\partial \Delta_m}{\partial x} - 2\left(\frac{\beta_m}{\omega}\right)^2 \frac{\partial \omega_m}{\partial z} \tag{1-46a}$$

$$w_m = \frac{\partial \Phi_m}{\partial z} + \frac{\partial \Psi_m}{\partial x} = -\left(\frac{\alpha_m}{\omega}\right)^2 \frac{\partial \Delta_m}{\partial z} + 2\left(\frac{\beta_m}{\omega}\right)^2 \frac{\partial \omega_m}{\partial x} \tag{1-46b}$$

$$\sigma_m = \lambda_m \theta_m + 2\mu_m \varepsilon_{mzz} = \rho_m\left[\alpha_m^2 \Delta_m + 2\beta_m^2\left(\frac{\alpha_m}{\omega}\right)^2 \frac{\partial^2 \Delta_m}{\partial x^2} + 2\left(\frac{\beta_m}{\omega}\right)^2 \frac{\partial^2 \omega_m}{\partial x \partial z}\right] \tag{1-47a}$$

$$\tau_m = \mu_m \varepsilon_{mzx} = 2\rho_m \beta_m^2\left[-\left(\frac{\alpha_m}{\omega}\right)^2 \frac{\partial^2 \Delta_m}{\partial x \partial z} + \left(\frac{\beta_m}{\omega}\right)^2\left(\frac{\partial^2 \omega_m}{\partial x^2} - \frac{\partial^2 \omega_m}{\partial z^2}\right)\right] \tag{1-47b}$$

式(1-47)中的$\theta_m = \mathrm{div}\, u_m$，表示第 m 层的体变系数，在界面上应力应变都是连续的，因此，速度分量 u 和 w 也是连续的，并且速度分量与相速度 c 的比值 u/c 和 w/c 也连续，将式(1-43)代入式(1-46)和式(1-47)，并利用三角函数表示指数函数，得到：

$$\begin{aligned}\frac{u_m}{c} = \Big\{ & -\left(\frac{\alpha_m}{c}\right)^2 \left[(\Delta'_m + \Delta''_m)\cos k r_{\alpha m} z - i(\Delta'_m - \Delta''_m)\sin k r_{\alpha m} z\right] - \\ & \gamma_m r_{\beta m}\left[(\omega'_m - \omega''_m)\cos k r_{\beta m} z - i(\omega'_m + \omega''_m)\sin k r_{\beta m} z\right]\Big\} \mathrm{e}^{i(\omega t - kx)}\end{aligned} \tag{1-48a}$$

$$\begin{aligned}\frac{w_m}{c} = \Big\{ & -\left(\frac{\alpha_m}{c}\right)^2 r_{\alpha m}\left[-i(\Delta'_m + \Delta''_m)\sin k r_{\alpha m} z + (\Delta'_m - \Delta''_m)\cos k r_{\alpha m} z\right] + \\ & \gamma_m\left[-i(\omega'_m - \omega''_m)\sin k r_{\beta m} z + (\omega'_m + \omega''_m)\cos k r_{\beta m} z\right]\Big\} \mathrm{e}^{i(\omega t - kx)}\end{aligned} \tag{1-48b}$$

$$\begin{aligned}\sigma_m = \mathrm{e}^{i(\omega t - kx)}\{ & -\rho_m \alpha_m^2(\gamma_m - 1)\left[(\Delta'_m + \Delta''_m)\cos k r_{\alpha m} z - i(\Delta'_m - \Delta''_m)\sin k r_{\alpha m} z\right] - \\ & \rho_m c^2 \gamma_m^2 r_{\beta m}\left[(\omega'_m - \omega''_m)\cos k r_{\beta m} z - i(\omega'_m + \omega''_m)\sin k r_{\beta m} z\right]\}\end{aligned} \tag{1-49a}$$

$$\begin{aligned}\tau_m = \mathrm{e}^{i(\omega t - kx)}\{ & \rho_m c^2 \gamma_m (1 - \gamma_m)\left[-i(\omega'_m - \omega''_m)\sin k r_{\beta m} z + (\omega'_m + \omega''_m)\cos k r_{\beta m} z\right] + \\ & \rho_m c^2 \gamma_m^2 r_{\beta m}\left[-i(\Delta'_m + \Delta''_m)\sin k r_{\alpha m} z + (\Delta'_m - \Delta''_m)\cos k r_{\alpha m} z\right]\}\end{aligned} \tag{1-49b}$$

式中，$\gamma_m = 2\left(\frac{\beta_m}{c}\right)^2$。

由于 Thomson-Haskell 算法存在高频数值精度丢失和计算速度较低的缺点，Knopoff 提出了改进方法。对式(1-48)和式(1-49)两端同时乘以 c^2，以 $z - z_m$ 代替 z，并令$A_m = -\alpha_m^2(\Delta'_m + \Delta''_m)$，$B_m = -\alpha_m^2(\Delta'_m - \Delta''_m)$，$C_m = -2\beta_m^2(\omega'_m - \omega''_m)$，$D_m = -2\beta_m^2(\omega'_m + \omega''_m)$，$P_m = k r_{\alpha m}(z - z_m)$，$Q_m = k r_{\beta m}(z - z_m)$，则式(1-48)和式(1-49)可表示为：

$$u_m c = \left[A_m \cos P_m - iB_m \sin P_m + r_{\beta m}(C_m \cos Q_m - iD_m \sin Q_m)\right]\mathrm{e}^{i(\omega t - kx)} \tag{1-50a}$$

$$w_m c = [r_{\alpha m}(-iA_m \sin P_m + B_m \cos P_m) + (iC_m \sin Q_m - D_m \cos Q_m)] e^{i(\omega t - kx)} \quad (1-50b)$$

$$\sigma_m = [\rho_m(\gamma_m - 1)(A_m \cos P_m - iB_m \sin P_m) + \rho_m \gamma_m r_{\beta m}(C_m \cos Q_m - iD_m \sin Q_m)] e^{i(\omega t - kx)} \quad (1-51a)$$

$$\tau_m = [\rho_m \gamma_m r_{\alpha m}(iA_m \sin P_m - B_m \cos P_m) - \rho_m(\gamma_m - 1)(iC_m \sin Q_m - D_m \cos Q_m)] e^{i(\omega t - kx)} \quad (1-51b)$$

因为自由表面的应力为零,因此第一层界面的$\sigma_1 = \tau_1 = 0$,其深度$z - z_0 = 0$,则$P_m = Q_m = 0$,将式(1-51)简化可得:

$$\sigma_1 = \rho_1(\gamma_1 - 1)A_1 + \rho_1 \gamma_1 r_{\beta 1} C_1 = 0 \quad (1-52a)$$

$$\tau_1 = \rho_1(\gamma_1 - 1)D_1 - \rho_1 \gamma_1 r_{\alpha 1} B_1 = 0 \quad (1-52b)$$

将$(A_1, B_1, C_1, D_1)^T$视为未知向量组成的矩阵,则式(1-52)的系数矩阵为:

$$\boldsymbol{\Lambda}^{(0)} = \begin{bmatrix} \rho_1(\gamma_1 - 1) & 0 & \rho_1 \gamma_1 r_{\beta 1} & 0 \\ 0 & -\rho_1 \gamma_1 r_{\alpha 1} & 0 & \rho_1(\gamma_1 - 1) \end{bmatrix} \quad (1-53)$$

对于介质内的第m层界面,界面上$z - z_m = 0$,4个应力及位移的连续条件中共含有8个未知数,因此,可以得到第m层界面上的4×8子矩阵:

$$\boldsymbol{\Lambda}^{(m)} = \begin{bmatrix} \cos P_m & -i\sin P_m & r_{\beta m}\cos Q_m & -ir_{\beta m}\sin Q_m & -1 & 0 & -r_{\beta m+1} & 0 \\ -ir_{\alpha m}\sin P_m & r_{\alpha m}\cos P_m & i\sin Q_m & -\cos Q_m & 0 & -r_{\alpha m+1} & 0 & 1 \\ \rho_m(\gamma_m - 1)\cos P_m & -i\rho_m(\gamma_m - 1)\sin P_m & \rho_m\gamma_m r_{\beta m}\cos Q_m & -i\rho_m\gamma_m r_{\beta m}\sin Q_m & -\rho_{m+1}(\gamma_{m+1} - 1) & 0 & -\rho_{m+1}\gamma_{m+1} r_{\beta m+1} & 0 \\ i\rho_m\gamma_m r_{\alpha m}\sin P_m & -\rho_m\gamma_m r_{\alpha m}\cos P_m & -i\rho_m(\gamma_m - 1)\sin Q_m & \rho_m(\gamma_m - 1)\cos Q_m & 0 & \rho_{m+1}\gamma_{m+1} r_{\alpha m+1} & 0 & -\rho_{m+1}(\gamma_{m+1} - 1) \end{bmatrix} \quad (1-54)$$

对于第n层,在无穷远处震动时,由式(1-43)知$\Delta = \omega = 0$,故可得第$n-1$界面的4×6阶子矩阵:

$$\boldsymbol{\Lambda}^{(n-1)} = \begin{bmatrix} \cos P_{n-1} & -i\sin P_{n-1} & r_{\beta n-1}\cos Q_{n-1} \\ -ir_{\alpha n-1}\sin P_{n-1} & r_{\alpha n-1}\cos P_{n-1} & i\sin Q_{n-1} \\ \rho_{n-1}(\gamma_{n-1} - 1)\cos P_{n-1} & -i\rho_{n-1}(\gamma_{n-1} - 1)\sin P_{n-1} & \rho_{n-1}\gamma_{n-1} r_{\beta n-1}\cos Q_{n-1} \\ i\rho_{n-1}\gamma_{n-1} r_{\alpha n-1}\sin P_{n-1} & -\rho_{n-1}\gamma_{n-1} r_{\alpha n-1}\cos P_{n-1} & -i\rho_{n-1}(\gamma_{n-1} - 1)\sin Q_{n-1} \end{bmatrix}$$

$$
\begin{matrix}
-i\, r_{\beta n-1}\sin Q_{n-1} & -1 & -r_{\beta n} \\
-\cos Q_{n-1} & -r_{\alpha n} & 1 \\
-i\rho_{n-1}\gamma_{n-1}r_{\beta n-1}\sin Q_{n-1} & -\rho_n(\gamma_n-1) & -\rho_n\gamma_n r_{\beta n} \\
\rho_{n-1}(\gamma_{n-1}-1)\cos Q_{n-1} & \rho_n\gamma_n r_{\alpha n} & -\rho_n(\gamma_n-1)
\end{bmatrix} \tag{1-55}
$$

将$\boldsymbol{\Lambda}^{(0)}-\boldsymbol{\Lambda}^{(n-1)}$的 n 个层界面子矩阵合并为 $4n-2$ 阶的方阵：

$$
\boldsymbol{F}_R(\omega,c)=\begin{bmatrix}
2\times 4 & & & & & \\
& 4\times 8 & & & & \\
& & 4\times 8 & & & \\
& & & \ddots & & \\
& & & & 4\times 8 & \\
& & & & & 4\times 6
\end{bmatrix} \tag{1-56}
$$

式(1－56)为下述方程的系数矩阵：

$$
\boldsymbol{F}_R(\omega,c)[A_1,B_1,C_1,D_1,\cdots,A_m,B_m,C_m,D_m,\cdots,A_{n-1},B_{n-1},C_{n-1},D_{n-1},\cdots,A_n,C_n]^{\mathrm{T}}=0 \tag{1-57}
$$

上式有非零解的充要条件是：系数矩阵式(1－56)的行列式$|\boldsymbol{F}_R(\omega,c)|=0$。经过一系列初等变换后，系数矩阵的行列式如下：

$$
|\boldsymbol{F}_R(\omega,c)|=
$$

$$
\begin{vmatrix}
(\gamma_1-1) & 0 & \gamma_1 r_{\beta 1} & 0 & & \\
0 & -\gamma_1 r_{\beta 1} & 0 & (\gamma_1-1) & & \\
\cos P_1 & -i\sin P_1 & 0 & 0 & & \\
-ir_{\alpha 1}\sin P_1 & r_{\alpha 1}\cos P_1 & 0 & 0 & -\gamma_1+(\gamma_2-1)\rho_2/\rho_1 & 0 \\
0 & 0 & r_{\beta 1}\cos Q_1 & -ir_{\beta 1}\sin Q_1 & 0 & \rho_2\gamma_2 r_{\alpha 2}/\rho_1+r_{\alpha 2}(\gamma_1-1) \\
0 & 0 & (\gamma_1-1)-(\gamma_2-1)\rho_2/\rho_1 & 0 & (\gamma_1-1)-(\gamma_2-1)\rho_2/\rho_1 & 0 \\
 & & & & 0 & \rho_2\gamma_2 r_{\alpha 2}/\rho_1-\gamma_1 r_{\alpha 2} \\
 & & & & \vdots & \vdots \\
 & & & & \cos P_1 & -i\sin P_1 \\
 & & & & -ir_{\alpha n-1}\sin P_{n-1} & r_{\alpha 1}\cos P_{n-1} \\
 & & & & 0 & 0 \\
 & & & & 0 & 0
\end{matrix}
$$

$$
\begin{array}{cccc|}
-r_{\beta 2}\gamma_1+\rho_2\gamma_2 r_{\beta 2}/\rho_1 & 0 & & \\
0 & (1-\gamma_1)+\rho_2(\gamma_2-1)/\rho_1 & & \\
r_{\beta 2}(\gamma_1-1)-\rho_2\gamma_2 r_{\beta 2}/\rho_1 & 0 & & \\
0 & \gamma_1-\rho_2(\gamma_2-1)/\rho_1 & & \\
\vdots & \vdots & & \\
0 & 0 & \rho_n(\gamma_n-1)/\rho_{n-1}\gamma_{n-1} & \rho_n\gamma_n r_{\beta n}/\rho_{n-1}-r_{\beta n}\gamma_{n-1} \\
0 & 0 & -\rho_n\gamma_n r_{\alpha n}/\rho_{n-1}+r_{\alpha n}(\gamma_{n-1}-1) & (1-\gamma_{n-1})+(\gamma_n-1)/\rho_{n-1} \\
r_{\beta n-1}\cos Q_{n-1} & -i\,r_{\beta n-1}\sin Q_{n-1} & (\gamma_{n-1}-1)-(\gamma_n-1)/\rho_{n-1} & r_{\beta n}(\gamma_{n-1}-1)-\rho_n\gamma_n r_{\beta n}/\rho_{n-1} \\
i\sin Q_{n-1} & -\cos Q_{n-1} & \rho_n\gamma_n r_{\beta n}/\rho_{n-1}-r_{\alpha n}\gamma_{n-1} & \gamma_{n-1}-(\gamma_n-1)/\rho_{n-1}
\end{array}
\tag{1-58}
$$

用$\varepsilon=\dfrac{(-1)^{n-1}\rho_1^2c^2}{\gamma_n r_{\alpha n}r_{\beta n}\rho_n^2\alpha_n^2}$乘以上式的最后一列，并令：

$\varepsilon_0^{(m)}=\rho_{m+1}/\rho_m$，$\varepsilon_1^{(m)}=\gamma_m-\varepsilon_0^{(m)}\gamma_{m+1}$，$\varepsilon_2^{(m)}=\varepsilon_1^{(m)}-1$，$\varepsilon_3^{(m)}=\varepsilon_1^{(m)}+\varepsilon_0^{(m)}$，$\varepsilon_4^{(m)}=\varepsilon_2^{(m)}+\varepsilon_0^{(m)}$，$\varepsilon_5^{(m)}=[\varepsilon_1^{(m)}]^2$，$\varepsilon_6^{(m)}=\varepsilon_1^{(m)}\varepsilon_2^{(m)}$，$\varepsilon_7^{(m)}=\varepsilon_1^{(m)}\varepsilon_3^{(m)}$，$\varepsilon_8^{(m)}=\varepsilon_1^{(m)}\varepsilon_4^{(m)}$，$\varepsilon_9^{(m)}=[\varepsilon_2^{(m)}]^2$，$\varepsilon_{10}^{(m)}=\varepsilon_3^{(m)}\varepsilon_2^{(m)}$，$\varepsilon_{11}^{(m)}=\varepsilon_4^{(m)}\varepsilon_2^{(m)}$，$\varepsilon_{12}^{(m)}=[\varepsilon_3^{(m)}]^2$，$\varepsilon_{13}^{(m)}=\varepsilon_3^{(m)}\varepsilon_4^{(m)}$，$\varepsilon_{14}^{(m)}=[\varepsilon_4^{(m)}]^2$，$\varepsilon_{15}^{(m)}=-\varepsilon_0^{(m)}$，$\varepsilon_{16}^{(m)}=\varepsilon_8^{(m)}+\varepsilon_{10}^{(m)}$，

$\xi_1^{(m)}=\cos P_m$，$\xi_2^{(m)}=\cos Q_m$，$\xi_3^{(m)}=r_{\alpha m}\sin P_m$，$\xi_4^{(m)}=\sin P_m/r_{\alpha m}$，$\xi_5^{(m)}=r_{\beta m}\sin Q_m$，$\xi_6^{(m)}=\sin Q_m/r_{\beta m}$，$\xi_7^{(m)}=\xi_1^{(m)}\xi_2^{(m)}$，$\xi_8^{(m)}=\xi_1^{(m)}\xi_5^{(m)}$，$\xi_9^{(m)}=\xi_1^{(m)}\xi_6^{(m)}$，$\xi_{10}^{(m)}=\xi_2^{(m)}\xi_3^{(m)}$，$\xi_{11}^{(m)}=\xi_2^{(m)}\xi_4^{(m)}$，$\xi_{12}^{(m)}=\xi_3^{(m)}\xi_5^{(m)}$，$\xi_{13}^{(m)}=\xi_4^{(m)}\xi_5^{(m)}$，$\xi_{14}^{(m)}=\xi_3^{(m)}\xi_6^{(m)}$，$\xi_{15}^{(m)}=\xi_4^{(m)}\xi_6^{(m)}$，

则$F_R(\omega,c)$具有如下形式：

$$
|\boldsymbol{F}_R(\omega,c)|=
\left|\begin{array}{cccccccccc}
(\gamma_1-1) & 0 & \gamma_1 & 0 & & & & & & \\
0 & -\gamma_1 & 0 & (\gamma_1-1) & & & & & & \\
\xi_1^{(1)} & -i\,\xi_4^{(1)} & 0 & 0 & -\varepsilon_3^{(1)} & 0 & -\varepsilon_1^{(1)} & 0 & & \\
-i\,\xi_3^{(1)} & \xi_1^{(1)} & 0 & 0 & 0 & \varepsilon_2^{(1)} & 0 & -\varepsilon_4^{(1)} & & \\
0 & 0 & i\,\xi_2^{(1)} & -\xi_5^{(1)} & \varepsilon_4^{(1)} & 0 & \varepsilon_2^{(1)} & 0 & & \\
0 & 0 & i\,\xi_6^{(1)} & -\xi_2^{(1)} & 0 & -\varepsilon_1^{(1)} & 0 & \varepsilon_3^{(1)} & & \\
 & & & & \vdots & \vdots & & & & \\
 & & & & \xi_1^{(n-1)} & -i\,\xi_4^{(n-1)} & 0 & 0 & -\varepsilon_3^{(n-1)} & -\varepsilon_1^{(n-1)}r_{\beta n}\varepsilon \\
 & & & & -i\,\xi_3^{(n-1)} & \xi_1^{(n-1)} & 0 & 0 & \varepsilon_2^{(n-1)}r_{\alpha n} & -\varepsilon_4^{(n-1)}\varepsilon \\
 & & & & 0 & 0 & \xi_2^{(n-1)} & -i\,\xi_5^{(n-1)} & \varepsilon_4^{(n-1)} & \varepsilon_1^{(n-1)}r_{\beta n}\varepsilon \\
 & & & & 0 & 0 & i\,\xi_6^{(n-1)} & -\xi_2^{(n-1)} & -\varepsilon_1^{(n-1)}r_{\alpha n} & \varepsilon_3^{(n-1)}\varepsilon
\end{array}\right|
\tag{1-59}
$$

式(1-59)即面波的频散函数理论推导公式，该式适用于均匀半空间和层状地层模型。当介质为均匀弹性半空间时，式(1-59)可简化为：

$$\begin{vmatrix} \rho_1(\gamma_1-1) & \rho_1\gamma_1 r_{\beta 1} \\ -\rho_1\gamma_1 r_{\alpha 1} & \rho_1(\gamma_1-1) \end{vmatrix}=0$$

即：

$$f(c)=\frac{c^6}{\beta^6}-8\left(\frac{c}{\beta}\right)^4+\left(24-16\frac{\beta^2}{\alpha^2}\right)\left(\frac{c}{\beta}\right)^2-16\left(1-\frac{\beta^2}{\alpha^2}\right)=0 \qquad (1-60)$$

式(1-60)表示均匀无限弹性半空间中面波的频散方程，也是自由表面面波存在的条件方程，由该方程知，当 $c=0$ 时，$f(c=0)=-16\left(1-\frac{\beta^2}{\alpha^2}\right)<0$；当 $c=\beta$ 时，$f(c=\beta)=1>0$，因此，在 $(0, \beta)$ 区间内方程至少有一个实根使得 $f(c)=0$。因此，面波的速度小于横波的速度和纵波的速度，即 $c<\beta<\alpha$。

1.5 噪声源面波成像的理论基础

上述几节阐述了地震面波传播方程和频散方程，通常地震震源激发后会形成面波信号，研究人员利用检波器或地震仪对面波信号进行记录并处理，就可以对地下介质结构进行估计。然而，在面波成像中还有一类不需要特定震源激发，即可获取面波信号的方法，即噪声面波成像(或被动源面波成像)技术。早在20世纪五六十年代，Aki 和 Clearbout 等就提出了利用噪声源噪声成像的构想；2003年，Campillo 与 Paul 从实际观测的地震尾波记录中提取出了格林函数；2004年，Shapiro 等从连续记录的噪声数据中提取出了台站间的面波格林函数，并以此测量了瑞利面波的群速度频散曲线，由此发展起来了噪声面波成像技术。

与有源(人工激发震源、地震等)面波成像方法相比，噪声源信号主要来自人类活动(如城市车流、机械振动、大型工程施工等)和地球固有的(如洋流与海岸的作用、大气与固体地球的作用等)震动信号，这一类信号较主动源信号频带更宽，信号采集的成本更低，并且成像的灵活性更高，不受特定震源信号发震位置和发震时间的限制，如天然地震往往分布在俯冲带、造山带、大洋中脊等构造带附近，对于部分观测区域而言仅能获得较小方位角范围内震源信号，因此，在成像时无法获得研究地区地层结构的各向异性特征。利用噪声源面波信号进行成像在一定程度上克服了上述限制，弥补了主动源面波成像技术的缺点，利用两个台站的噪声记录做互相关运算，提取介质的格林函数，即得到了一个台站做为虚拟震源，另一个台站作为接收器的地震记录，摆脱了对震源的依赖，拓宽了成像的频带。因此，噪声源成像方法近年来取得了较大发展。

噪声源面波成像的基础在于能够从噪声数据中提取介质的格林函数，然后利用格林函数计算面波各频率成分的走时进行成像，因此，互相关提取格林函数是噪声源成像方法的关键。2015 年，Campillo 和 Roux 给出了几种有代表性情形下的互相关函数和格林函数的关系。

1.5.1 均匀介质

三维空间中某点所记录的波场，可以视为此空间中各个方向所有互不相关波场在此点的叠加。若此空间中两接收点 1 和 2 之间的距离为 $r=|\overrightarrow{r_1}-\overrightarrow{r_2}|$，则其频率域的归一化互相关谱密度为：

$$C_{1,2}(\omega)=\frac{\sin(kr)}{kr} \tag{1-61}$$

式中，k 为波数；ω 为角频率；$k=\omega/c$，c 为波场传播的速度。

在时间域，归一化的互相关函数可表示为：

$$C_{1,2}(t)=\frac{1}{2\pi}\int_{-\infty}^{+\infty}C_{1,2}(\omega)\exp(i\omega t)\mathrm{d}\omega \tag{1-62}$$

上式可进一步表示为：

$$C_{1,2}(t)=\frac{1}{4\pi}\int_{-\infty}^{+\infty}\frac{\exp[i\omega(t+r/c)]}{ikr}\mathrm{d}\omega-\frac{1}{4\pi}\int_{-\infty}^{+\infty}\frac{\exp[i\omega(t-r/c)]}{ikr}\mathrm{d}\omega \tag{1-63}$$

其时间导数为：

$$\frac{\mathrm{d}}{\mathrm{d}t}C_{1,2}(t)=\frac{1}{4\pi r/c}\left[\delta\left(t+\frac{r}{c}\right)-\delta\left(t-\frac{r}{c}\right)\right] \tag{1-64}$$

式(1-64)右侧的 $\delta(t+r/c)$ 表示标量波波场的向前格林函数，$\delta(t-r/c)$ 表示波场的向后格林函数，该式即表示互相关函数和格林函数的关系。

下面考虑噪声源均匀分布情况下的三维空间情形，设两个接收点的波场来自时空分布均匀的、不相关的噪声源，则两个接收点之间介质的格林函数定义如下：

$$G(\overrightarrow{r_1},\overrightarrow{r_2},t)=\frac{1}{2\pi}\int_{-\infty}^{+\infty}\mathrm{d}\omega\frac{1}{4\pi|\overrightarrow{r_2}-\overrightarrow{r_1}|}\exp\left[i\omega\left(t-\frac{|\overrightarrow{r_2}-\overrightarrow{r_1}|}{c}\right)\right]\exp(-\kappa|\overrightarrow{r_2}-\overrightarrow{r_1}|) \tag{1-65}$$

式中，κ 为波场在介质中传播的衰减参数。

假设均匀随机分布的噪声源幅度为 $S(\overrightarrow{r_s},t_s)$，则在接收点 1 的总场为：

$$P(\overrightarrow{r_1},\ t)=\int_{-\infty}^{+\infty}\int_{-\infty}^{t}\mathrm{d}\vec{x}\mathrm{d}t_s S(\vec{x},\ t_s)G(\overrightarrow{r_1},\ \vec{x},\ t-t_x) \tag{1-66}$$

根据因果性，噪声源在$(\vec{x},\ t_x)$时其对接收点 1 在给定时间 t 的贡献满足条件 $t=t_x+(\overrightarrow{r_1}-\vec{x})/c$，因此，可定义 $P(\overrightarrow{r_1},\ t)$和 $P(\overrightarrow{r_2},\ t)$之间的噪声互相关函数为：

$$C(\overrightarrow{r_1},\ \overrightarrow{r_2},\ t)=C_{1,2}(t)=\frac{1}{T}\int_0^T P(\overrightarrow{r_1},\ \tau)P(\overrightarrow{r_2},\ t+\tau)\mathrm{d}\tau \tag{1-67}$$

假设噪声场为弥散场，即噪声源是随机分布的，因此有：

$$\langle S(\vec{x},\ t_x)S(\vec{x}',\ t_{x'})\rangle=Q^2\delta(t_x-t_{x'})\delta(\vec{x}-\vec{x}') \tag{1-68}$$

$\langle S(\vec{x},\ t_x)S(\vec{x}',\ t_{x'})\rangle$表示总体平均，$Q^2$ 为一常数，表示噪声源的功率，则：

$$\langle C_{1,2}(t)\rangle=\frac{Q^2}{64T\pi^4}\int_0^T\int_{-\infty}^{+\infty}\int_{-\infty}^{+\infty}\frac{\mathrm{d}\tau\mathrm{d}\vec{x}\mathrm{d}\omega}{|\overrightarrow{r_1}-\vec{x}||\overrightarrow{r_2}-\vec{x}|}\exp\left[i\omega\left(t+\frac{|\overrightarrow{r_1}-\vec{x}|}{c}-\frac{|\overrightarrow{r_2}-\vec{x}|}{c}\right)\right]$$

$$\exp[-k(|\overrightarrow{r_1}-\vec{x}|+|\overrightarrow{r_2}-\vec{x}|)] \tag{1-69}$$

从$\langle C_{1,2}(t)\rangle$可以提取从噪声源 $\vec{x}$ 到两个接收点$\overrightarrow{r_1}$和$\overrightarrow{r_2}$的相对传播时间，若随机噪声源 $S(\vec{x},\ t_x)$的生成率为 n，则其对 τ 的积分就变成乘积 TN。建立笛卡尔坐标系，令接收点 1 和 2 的坐标为$(a,\ 0,\ 0)$和$(-a,\ 0,\ 0)$，并将其代入式(1-69)可得：

$$\langle C_{1,2}(t)\rangle=\frac{Q^2NC}{64k\pi}\int_{-\infty}^{+\infty}\mathrm{d}\omega\frac{1}{i\omega}\left\{\exp\left[i\omega\left(t+\frac{2a}{c}\right)\right]-\exp\left[i\omega\left(t-\frac{2a}{c}\right)\right]\right\}\frac{\exp(-2ax)}{2a} \tag{1-70}$$

若介质的衰减参数为 κ，对式(1-70)关于时间 t 求导数，则有：

$$\frac{\mathrm{d}}{\mathrm{d}t}\langle C_{1,2}(t)\rangle=Q^2N\frac{c}{2\kappa}[G(\overrightarrow{r_1},\ \overrightarrow{r_2},\ t)-G(\overrightarrow{r_1},\ \overrightarrow{r_2},\ -t)] \tag{1-71}$$

式中，$Q^2N\frac{c}{2\kappa}$表示格林函数的振幅项，其中Q^2N 为信号长度 T 时段内噪声的功率，$\frac{c}{2\kappa}$由波场在介质中传播的速度和衰减特性决定。

1.5.2 散射介质

当波场传播的介质中存在各向同性的弱散射体时，格林函数由两部分组成：从噪声源到接收点的直达波场的格林函数，和散射体产生的散射波场的格林函数。在一个自由空间中，介质的格林函数$G^0(\overrightarrow{r_1},\ \vec{x},\ \omega)=G_{1x}^0$即表示赫姆霍兹方程在源 $\vec{x}$ 和接收点$\overrightarrow{r_1}$之间的解：

$$\Delta G_{1x}^0+(k+i\kappa)^2G_{1x}^0=\delta(\overrightarrow{r_1}-\vec{x}) \tag{1-72}$$

代换 $G(\overrightarrow{r_1}, \vec{x}, \omega)=G_{1x}$，并令$V_0$表示散射体的散射系数，故有：

$$\Delta G_{1x}+(k+i\kappa)^2 G_{1x}+V_0\delta(\vec{x}-\vec{y})G_{1x}=\delta(\overrightarrow{r_1}-\vec{x}) \tag{1-73}$$

式中，$\vec{y}$ 为散射体的位置。

假设$G_{1x}=G_{1x}^0+G_{1x}^s$，对于散射部分有第一玻恩近似($|G_{1x}^s|\ll|G_{1x}^0|$)，所以式(1-73)可写为：

$$\Delta G_{1x}^s+(k+i\kappa)^2 G_{1x}^s=-V_0\delta(\vec{x}-\vec{y})G_{1x}^0 \tag{1-74}$$

由此可得：

$$G_{1x}=-\frac{1}{4\pi r_{1x}}\exp\left[(ik-\kappa)r_{1x}+V_0\frac{\exp[(ik-\kappa)r_{1y}]\exp[(ik-\kappa)r_{xy}]}{4\pi r_{1y}\qquad 4\pi r_{xy}}\right] \tag{1-75}$$

式中，$r_{1x}=|\overrightarrow{r_1}-\overrightarrow{r_x}|$，$r_{xy}=|\overrightarrow{r_x}-\overrightarrow{r_y}|$。频率域互相关定义为：

$$C_{1,2}(\omega)=\int_{-\infty}^{+\infty}G_{1x}^*(\omega)G_{2x}(\omega)\mathrm{d}\vec{x} \tag{1-76}$$

将G_{1x}和G_{2x}用式(1-75)代入，并通过空间积分和变量代换可得：

$$C_{1,2}(\omega)=\frac{1}{2k\kappa}\exp\left(-\kappa r_{12}\frac{\sin k r_{12}}{4\pi r_{1x}}\right)-V_0\frac{1}{2k\kappa}\exp[-\kappa(r_{1y}+r_{2y})]\frac{\sin[k(r_{1y}+r_{2y})]}{4\pi r_{1y}4\pi r_{2y}} \tag{1-77}$$

式(1-77)右端$\frac{1}{2k\kappa}\exp\left(-\kappa r_{12}\frac{\sin kr_{12}}{4\pi r_{1x}}\right)$表示两接收点间的直接路径对格林函数的贡献，$V_0\frac{1}{2k\kappa}\exp[-\kappa(r_{1y}+r_{2y})]\frac{\sin[k(r_{1y}+r_{2y})]}{4\pi r_{1y}4\pi r_{2y}}$表示散射体对格林函数的贡献。参照式(1-75)中的格林函数的表达式，式(1-77)可以表示为：

$$C_{1,2}(\omega)=\frac{c}{2i\omega\kappa}\mathrm{Im}[G_{1,2}(\omega)] \tag{1-78}$$

式(1-78)表明，当介质中存在局部散射体时，相关定理依然成立。Margerin和 Sato 证明了在散射点多次散射的情况下，互相关函数与格林函数依然具有与上式类似的关系。

1.5.3 任意非均匀介质

在非均匀介质中，角频率为 ω 的标量波场的格林函数$G_{1x}=(\overrightarrow{r_1}, \vec{x}; \omega)$满足赫姆霍兹方程：

$$\Delta G_{1x}+V(\vec{x})G_{1x}+(k+i\omega)^2 G_{1x}=\delta(\vec{x}-\overrightarrow{r_1}) \tag{1-79}$$

式中，$V(\vec{x})$为势场，描述波场中的散射部分。

在两个接收点时，定义坡印廷矢量通过远离介质不均匀体的闭合曲面 S 的通量为：

$$I = \oint_S [G_{1x}\vec{\nabla}(G_{2x}^*) - \vec{\nabla}(G_{2x})\vec{\nabla}(G_{1x}^*)]\mathrm{d}\vec{S} \tag{1-80}$$

根据散度定理，将上式中的通量积分转换为体积分：

$$I = \int_\Omega \vec{\nabla}[G_{1x}\vec{\nabla}(G_{2x}^*) - \vec{\nabla}(G_{1x})\vec{\nabla}(G_{2x}^*)]\mathrm{d}V \tag{1-81}$$

式(1-81)可进一步简化为：

$$I = \int_\Omega (G_{1x}\Delta G_{2x}^* - \Delta G_{1x}G_{2x}^*)\mathrm{d}V \tag{1-82}$$

根据式(1-79)，若假设势场 $V(\vec{x})$ 为实数，则介质中不存在不满足空间互易定理的漩涡和能流，因此式(1-82)可表示为：

$$I = G_{12} - G_{21}^* - \frac{4i\omega\kappa}{c}\int_\Omega G_{1x}G_{2x}^*\mathrm{d}V \tag{1-83}$$

然后通过式(1-80)和式(1-83)，考虑互易定理有 $G_{12} = G_{21}$，得：

$$G_{12} - G_{12}^* = \frac{4i\omega\kappa}{c}\int_\Omega G_{1x}\ G_{2x}^*\mathrm{d}V + \oint_S [G_{1x}\ \vec{\nabla}(G_{2x}^*) - \vec{\nabla}(G_{2x})\ \vec{\nabla}(G_{1x}^*)]\ \mathrm{d}\vec{S} \tag{1-84}$$

上式中等号左侧 G_{12} 表示格林函数的因果部分，G_{12}^* 表示格林函数的非因果部分。当衰减参数 $\kappa \neq 0$ 时，在远离介质不均匀体处，式(1-84)中右侧表示通量的部分趋近于零，因此有：

$$G_{12} - G_{12}^* = \frac{4i\omega\kappa}{c}\int_\Omega G_{1x}G_{2x}^*\mathrm{d}V \tag{1-85}$$

上式是式(1-71)和式(1-78)对于存在衰减的任意非均匀体情况下的一般形式，右侧的 $i\omega$ 项对应于互相关函数的时间导数。

第 2 章

人工源面波频散计算

上一章已经提到面波根据信号来源不同可以分为有源(或主动源、人工源)面波和噪声源面波，由于信号来源的差异，两类面波成像方法的采集和处理方式也有所不同。本章以人工激发产生的面波信号为例，介绍其处理和频散曲线的提取方法。人工源面波成像技术指利用人工敲击或炸药震源激发的面波信号进行地下结构探测的方法，根据面波信号采集和资料处理的方式可以将人工源成像方法分为稳态法与瞬态法。稳态法较瞬态法发展较早，目前已较少使用；瞬态法主要包括面波谱分析法和多道面波分析。本章首先对人工源面波成像技术进行简要介绍，然后重点阐述其频散曲线计算方法。

2.1 稳态法

稳态法用稳态震源激发产生地震信号，其震源是一个频率可控的垂向振动器，振动器激发面波的频率根据探测波长设定，接收装置由两组偏移距逐渐改变的检波器和示波器组成(图 2－1)，当两个示波器接收的面波相位相同时，这两组检波器的间距即该激发频率面波的波长 λ_1，若记频率为 f_1，则该频率对应的相

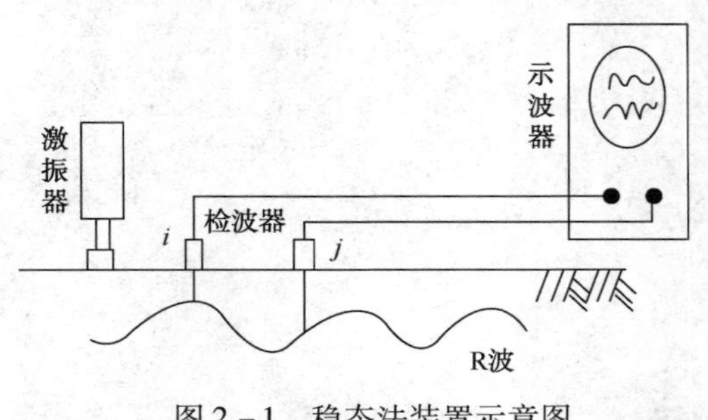

图 2－1　稳态法装置示意图

速度可通过下式计算：

$$v(f) = f_1\lambda_1 \tag{2-1}$$

在稳态法中，两个检波器间距应逐渐增大，并且始终小于或等于一个波长，当计算完频率 f_1 对应的相速度 $v(f_1)$ 后，再改变振动器的激发频率为 f_2，并继续逐渐移动两个检波器，直至示波器出现相同的面波相位，此时两检波器间距即频率为 f_2 面波的波长 λ_2，然后利用式(2-1)即可计算出 $v(f_2)$。重复上述步骤，即可计算出所有频率面波的相速度。由于需要逐个频点激发面波，并不断改变检波器的间距，稳态法面波成像技术的工作效率较低，并且震源激发设备较为笨重，目前已经较少应用。

2.2 面波谱分析法

1983 年，Stokoe 和 Nazarian 提出了基于面波谱分析的瞬态面波成像方法。在瞬态法中，震源信号通常由落锤或炸药激发，与稳态法不同，瞬态法的震源激发产生的面波并不是单频波，而是多种频率成分叠加的面波。SASW 方法基于两道检波器采集资料，为了减小震源激发的信号中体波信号的影响，SASW 方法通常要求最小偏移距与两道检波器之间的间距相等。设检波器的偏移距分别为 d_1，d_2，则有：

$$d_1 = d_2 - d_1 \tag{2-2}$$

为了对不同波长和频率范围的面波进行探测，需要以不同的 d_1、d_2 重复观测(图 2-2)，同时为了克服覆盖层变化的影响，每组偏移距采集时应在测线两端分别激发一次。

两个检波器接收的信号之间的相位差通过互相关谱计算得到，设两道信号分别为 $s_1(t)$、$s_2(t)$，二者频谱可通过傅里叶变换得到：

$$s_1(f) = \int_{-\infty}^{+\infty} s_1(t)\mathrm{e}^{-2i\pi ft}\mathrm{d}t \tag{2-3a}$$

$$s_2(f) = \int_{-\infty}^{+\infty} s_2(t)\mathrm{e}^{-2i\pi ft}\mathrm{d}t \tag{2-3b}$$

则 $s_1(t)$ 和 $s_2(t)$ 的互功率谱为：

$$S_{s_1s_2}(f) = s_1(f)\cdot s_2(f) = |s_1(f)|\cdot|s_2(f)|\cdot \mathrm{e}^{i(\varphi_1-\varphi_2)} = |s_1(f)|\cdot|s_2(f)|\cdot \mathrm{e}^{i\Delta\varphi(f)} \tag{2-4}$$

由上式知，两个检波器信号的互功率谱中包含了单频波的相位差 $\Delta\varphi(f)$，而某一

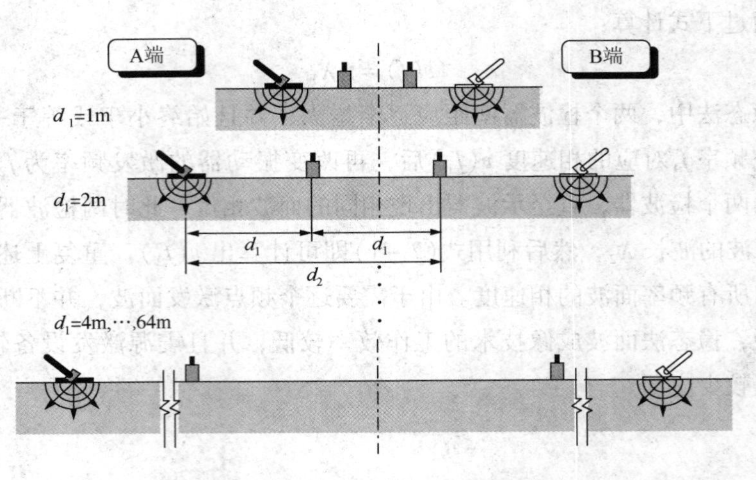

图 2－2　SASW 方法采集系统

频率 f 的信号在两检波器之间的旅行时差为：

$$\Delta t = \frac{\Delta\varphi(f)}{2\pi f} \tag{2-5}$$

若两个检波器间距 $d_2 - d_1$ 记为 Δx，则该频率的相速度可以表示为：

$$v(f) = \frac{\Delta x}{\Delta t} = \frac{2\pi f \Delta x}{\Delta\varphi(f)} \tag{2-6}$$

依次计算每个频率的相速度值，就可以得到研究地区的频散曲线，进而评估地下介质的横波速度结构。虽然 SASW 方法相比稳态法效率得到了较大提升，但是该方法计算时需要进行相位解缠，在没有参考模型的情况下，得到的相位差会有 $2N\pi$ 倍的误差，通常利用该方法时需要控制两道检波器间距 Δx 在一个波长范围内，或对不同的 N 取值进行试算，根据频散曲线的速度范围确定合理的解。由于两道法通过两道间的相位差来计算相速度，当沿地表传播的面波受到直达波折射波或反射波等干扰时，计算的相位差会受到较大影响，并且 SASW 方法仅能识别面波的基阶频散曲线，当高阶模式面波较发育时，互功率谱中的相位差为基阶与高阶模式的混合相位差，计算出的频散曲线误差较大。有研究人员也指出，面波的高阶模式频散曲线需要通过多道采集和处理系统进行计算。

2.3　多道面波分析法

1999 年，Kansas 大学面波研究课题组提出了多道面波分析的方法，该方法利用地表布设的多道检波器采集面波信号，从多道信号中同时提取基阶和高阶模式的频散曲线，提高了成像的分辨率。目前，这种方法在已经广泛应用于近地表品质因子估算、岩洞探测、工程质量无损检测和地震安全性评价等近地表结构的探测中。

准确地提取频散曲线是面波成像技术的关键。MASW 方法通过多道检波器采集面波资料，通常通过将时间—距离($x-t$)域中的道集记录 $d(x, t)$ 变换到频率—速度($f-v$)域，生成频散能量图，根据频散能量图的峰值连续区域提取频散曲线。目前，利用多道记录提取面波频散曲线的方法主要有 $F-K$ 变换法，$\tau-p$ 变换法、相移法和高分辨率线性拉东变换法等，其中，前 3 种方法虽然步骤不同，但实质上均属于标准拉东变换方法，高分辨率线性拉东变换利用预加权的共轭梯度算法，在频散能量成像中引入反演，提高了分辨率，但是其计算过程较为复杂。本节主要介绍常用的 $F-K$ 变换法、$\tau-p$ 变换法和相移法。

2.3.1 F－K 变换法

$F-K$ 变换法利用二维傅里叶变换对原始炮集记录进行处理，其计算过程也可以视为两个一维傅里叶变换。设炮集记录为 $\mathrm{d}(x, t)$，首先对信号在时间域做傅里叶变换，计算式为：

$$D(x, f) = \int_{-\infty}^{+\infty} \mathrm{d}(x, t)\mathrm{e}^{-2i\pi ft}\mathrm{d}t \tag{2-7}$$

式中，f 为频率，因而信号由时间域变换到了频率域。

式(2-7)中，$D(x, f)$ 表示频率—距离域的信号，然后再对 $D(x, f)$ 在距离域做傅里叶变换，计算式为：

$$D(k, f) = \int_{-\infty}^{+\infty} D(x, f)\mathrm{e}^{-2i\pi kx}\mathrm{d}x \tag{2-8}$$

式中，k 为波数，因而信号就由距离域变换到了波数域。然而频散曲线并不能直接由频率—波数域求得，还需要利用波数与速度的关系进行计算：

$$k = f/v \tag{2-9}$$

式中，v 为相速度。

利用式(2-9)对频率—波数域的信号进行插值，并将其投影到频率—速度域，就生成了面波的频散能量谱，然后对频散能量谱的峰值进行识别，即可提取出面波的频散曲线。

下面以实例分析 $F-K$ 变换法的计算过程，利用高阶交错网格有限差分的方法模拟了两组地震记录，模型参数由横波速度(v_S)、纵波速度(v_P)、密度(ρ)和层厚度(h)组成。第一组模型参数见表 2－1，模型大小设置为 80m×50m，震源为主频 25Hz 的雷克子波，震源与检波器最小偏移距为 5m，设置 41 道检波器接收，道间距 1m，采样间隔 0.5ms，采样长度 0.5s。

表 2－1　模型一地层参数

层号	h/m	ρ/(kg/m^3)	v_P/(m/s)	v_S/(m/s)
1	10	2000	900	300
2	5	2000	1500	500
半空间	—	2000	1200	400

第二组模型的地层参数见表 2－2，模型大小为 1000m×500m，震源为主频 30Hz 的雷克子波，震源与检波器最小偏移距为 8m，检波器排列 81 道，道间距 4m，每道采样间隔 0.5ms，采样长度 1.2s。图 2－3 和图 2－4 为分别对两组模型进行数值模拟得到的地震记录，图中可以看出能量占主导的基阶模式面波、能量较弱的高阶模式面波及体波波形。

表 2－2　模型二地层参数

层号	h/m	ρ/(kg/m^3)	v_P/(m/s)	v_S/(m/s)
1	60	2400	2700	900
2	80	2700	3600	1800
半空间	—	2770	4000	2310

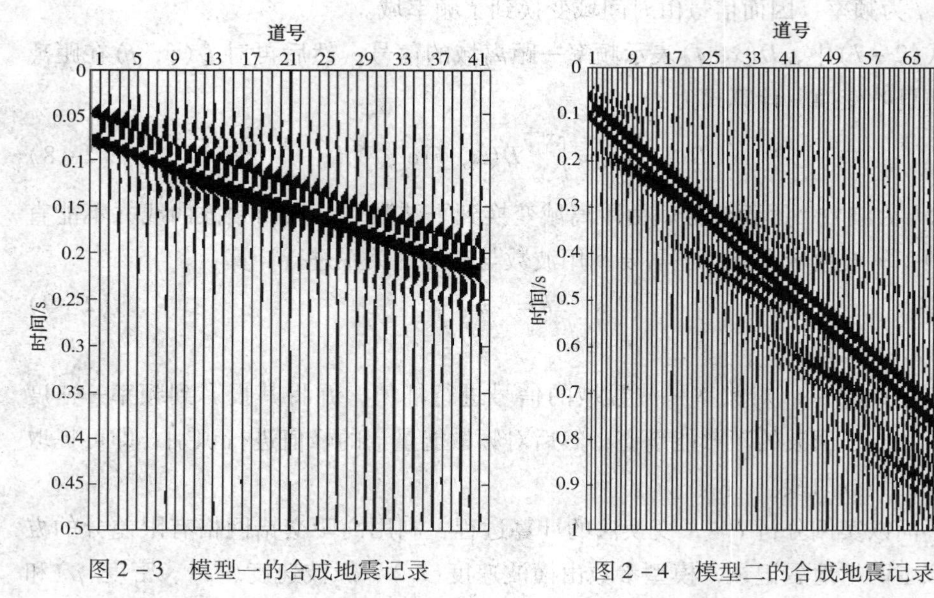

图 2－3　模型一的合成地震记录

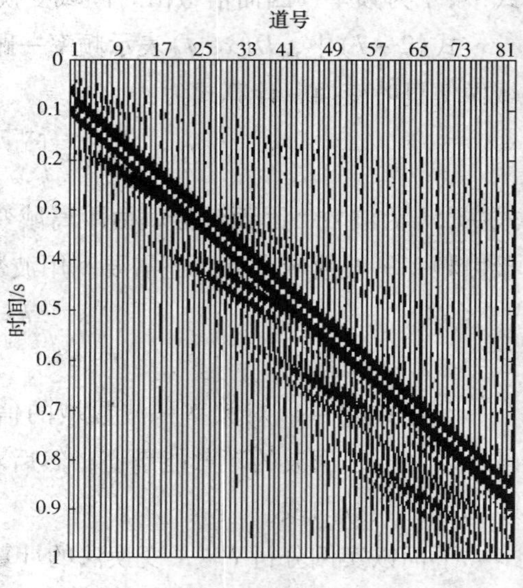

图 2－4　模型二的合成地震记录

为了计算频散曲线，首先对原始记录的道数和每一道的记录点数进行补零，因为在傅里叶变换中，补零可以提高信号的分辨率。然后利用 $F-K$ 变换对补零后的记录进行处理，图 2－5 为模型一模拟记录的频率—波数谱，从中可以看出，面波能量主要分布于 15～55Hz，其峰值位于 25Hz 附近。图 2－6 为模型二模拟记录的频率—波数谱，面波能量主要分布于 10～40Hz，峰值位于 25Hz 附近。除了能量较强的基阶模式外，图 2－5 和图 2－6 中也显示出了高阶模式的频散能量，相对于基阶模式，高阶模式能量较弱，不易识别。对比图 2－5 和图 2－6 也可以发现，模型二的频率—波数谱中峰值能量更加集中，不同模式能量更易分辨，这是由于模型二中设置了 81 道检波器接收信号，故其比道数补零前的模型一的检波器个数多，因此，经过二维傅里叶变换后具有更高的分辨率。

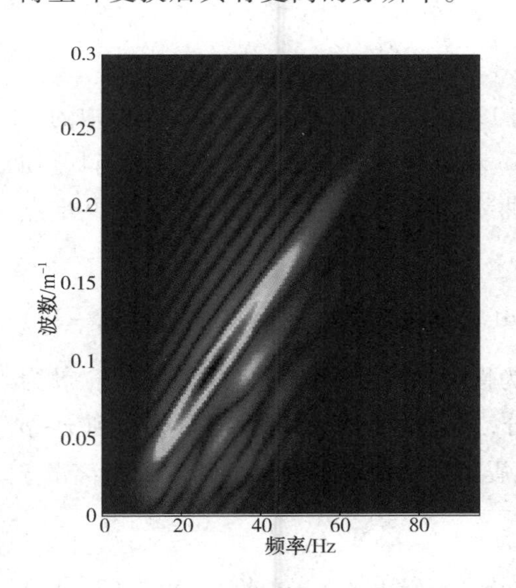

图 2－5　模型一的频率—波数谱

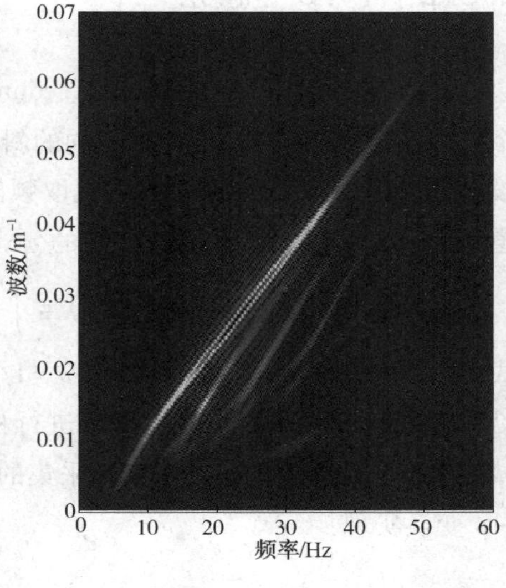

图 2－6　模型二的频率—波数谱

得到频率—波数谱后，再利用式(2－9)将其投影到频率—速度域，就可以得到频散能量谱。由于投影的过程为倒数计算关系，信号中等间隔的波数信息会变成不等间隔的速度信息，这会使得变换后的频散能量的分辨率降低，因此在计算中，需对频率—速度域的结果进行插值。图 2－7 和图 2－8 即模型一和模型二的模拟数据数据通过上述运算得到的频散能量图，根据峰值连续区域就可以提取出面波的频散曲线，图中基阶模式频散能量较强，位于基阶模式右上侧的高阶模式能量则较弱，图中的黑色点状虚线为模型对应的理论相速度频散曲线，可见高阶模式频散曲线并未得到有效的分辨。

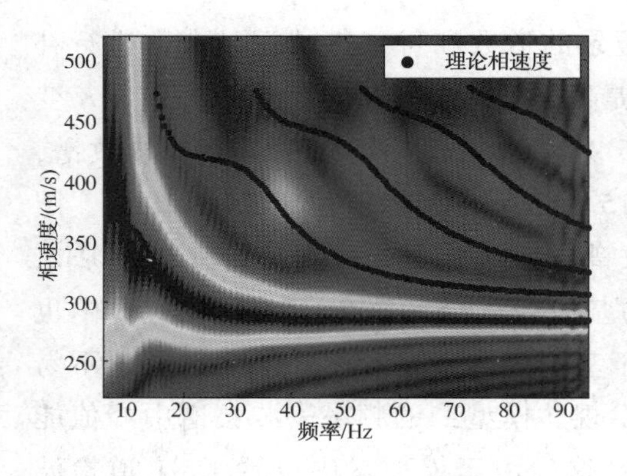

图 2-7 模型一的频散能量谱

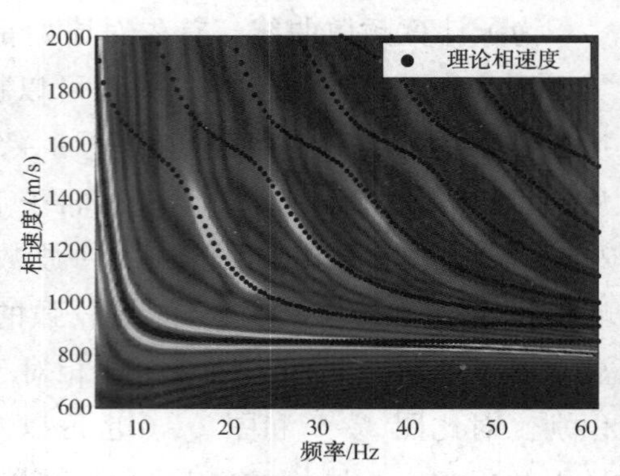

图 2-8 模型二的频散能量谱

2.3.2 τ-p 变换法

$\tau-p$ 变换法由 Mcmechan 和 Yedlin 与 1981 年提出，该方法将 $x-t$ 域中的一个共炮点道集记录 $\mathrm{d}(x, t)$ 按不同的斜率 p 和截距时间 τ 作切线，然后倾斜叠加投影到 $\tau-p$ 域中按照能量峰值提取频散曲线。对 $x-t$(时空)域中的一个共炮点道集记录 $\mathrm{d}(x, t)$ 做 $\tau-p$ 正变换的公式为：

$$m(\tau, p) = \int_{-\infty}^{+\infty} \mathrm{d}(x, \tau + px)\,\mathrm{d}x \tag{2-10}$$

式中，$t=\tau+px$，τ 为截距时间；$p=1/v$ 为慢度(速度的倒数)。该式表示 $\tau-p$ 为沿着直线 $t=\tau+px$ 将信号的振幅进行积分，这条直线上的所有能量叠加到 $\tau-p$ 域的某点(τ_0, p_0)上，由于实际采集的地震信号是离散的，因此需要通过离散 $\tau-p$ 变换实现：

$$m(\tau,p) = \sum_{i=1}^{N} \mathrm{d}(x_i,\tau + p\,x_i),\ i=1,2,3,\cdots,N \tag{2-11}$$

式中，N 为检波器个数；x_i为第 i 个检波器的偏移距；$\tau-p$ 反变换可以将 $\tau-p$ 域的数据反变换回 $x-t$ 域，其离散形式为：

$$\mathrm{d}(x_j,t) = \sum_{k=1}^{M} m(p_k,t - p_k x_j),\ j=1,2,3,\cdots,N \tag{2-12}$$

式中，慢度$p_k=p_0+\Delta P(k-1)$，$k=1,2,3,\cdots,M$。

在进行 $\tau-p$ 变换时，当时域信号的采样点不足时，需要进行插值计算，这样就会引入误差，而将时域信号先变换到频率域，则可以避免这种误差，时域信号的一个时移 Δt 相当于在频率域乘以一个因子 $\exp(2\pi if\Delta t)$，因此，频率域的离散 $\tau-p$ 变换可表示为：

$$d(x_j, f) = \sum_{k=1}^{M} m(p_k, f)e^{2i\pi f p_k x_j},\ j=1, 2, 3, \cdots, N \tag{2-13}$$

对每个频率 f 单独处理，则上式可表示为如下形式：

$$\boldsymbol{d}(f) = \boldsymbol{L}(f)\boldsymbol{m}(f) \tag{2-14}$$

式中，$\boldsymbol{d}$ 为一个 N 维向量；$\boldsymbol{m}$ 为一个 M 维向量，包含了频率 f 的幅值信息；$\boldsymbol{L}$ 为系数矩阵，具体为：

$$\boldsymbol{L} = \begin{bmatrix} e^{2i\pi f p_1 x_1} & \cdots & e^{2i\pi f p_M x_1} \\ \vdots & \ddots & \vdots \\ e^{2i\pi f p_1 x_N} & \cdots & e^{2i\pi f p_M x_N} \end{bmatrix} \tag{2-15}$$

由于系数矩阵 $\boldsymbol{L}$ 不一定为方阵，因此式(2－14)不能通过矩阵求逆计算得到，通常可采用最小二乘法使目标函数 $\varphi = \|\boldsymbol{d} - \boldsymbol{Lm}\|^2$ 进行求解，则 $\boldsymbol{m}$ 的最小二乘解为：

$$\boldsymbol{m} = (\boldsymbol{L}^{\mathrm{T}}\boldsymbol{L} + \mu\boldsymbol{I})^{-1}\boldsymbol{L}^{\mathrm{T}}\boldsymbol{d} \tag{2-16}$$

式中，μ 为最小二乘的阻尼因子，为$\boldsymbol{L}^{\mathrm{T}}\boldsymbol{L}$ 加入噪声避免形成病态矩阵，保证求逆的稳定性。

对面波有意义频段分别计算 $\boldsymbol{m}$ 就可以得到整个剖面的 $f-p$ 剖面，再对慢度 p 取倒数就可以获得频散能量谱，将谱上能量连续的极值点连线就得到了频散曲线。

利用 $\tau-p$ 变换法对上述两个模型的数值模拟记录提取频散曲线，图 2－9、图 2－10 即分别为 $\tau-p$ 变换法得到的频散能量图。对于模型一的理论数据，$\tau-p$ 变换法计算得到的频散能量图在大于 60Hz 范围时分辨率较差，能量不收敛，因此绘图时舍去，仅绘制 7～65Hz 频带范围的频散曲线(图 2－9)。对于模型二的理论数据计算结果表明，$\tau-p$ 变换在高频段时出现了误差(图 2－10)。

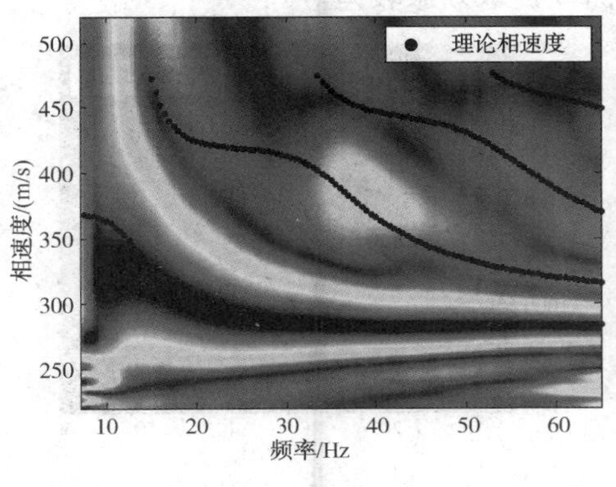

图 2－9　$\tau-p$ 变换法计算的模型一的频散能量图

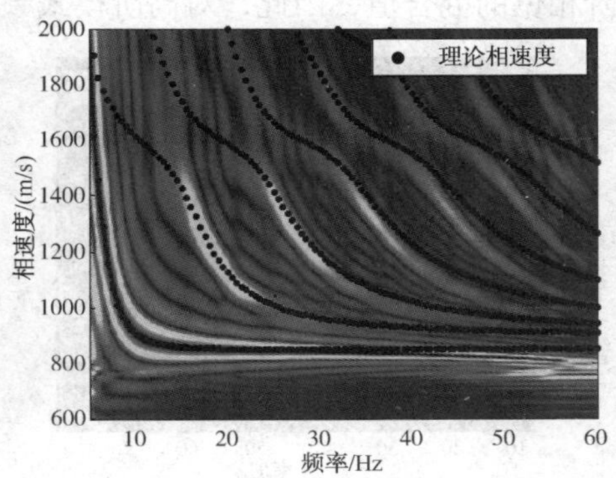

图 2－10　$\tau-p$ 变换法计算的模型二的频散能量图

2.3.3 相移法

相移法由 Park 等提出，设原始记录的时空域信号为 $\mathrm{d}(x, t)$，对其沿时间轴傅里叶变换得：

$$D(x, f) = \int_{-\infty}^{+\infty} \mathrm{d}(x, t)\mathrm{e}^{-2\pi ift}\mathrm{d}t \tag{2-17}$$

根据傅里叶变换的性质可以将 $D(x, f)$ 表示为振幅谱和相位谱的乘积：

$$D(x, f) = ph(x, f)A(x, f) \tag{2-18}$$

式中，$ph(x, f)$ 为信号的相位谱；$A(x, f)$ 为信号的振幅谱。

面波的频散信息受相位谱的控制，而振幅谱表示的是不同成分信号的能量强度。将相位谱利用 $\mathrm{e}^{-i\Phi x}$ 表示，则上式可写为：

$$D(x, f) = \mathrm{e}^{-i\Phi x}A(x, f) \tag{2-19}$$

式中，$\Phi = 2\pi f/v(f)$，$v(f)$ 为不同频率处的相速度。

对上式沿空间轴积分可得：

$$v(\phi, f) = \int_{x_0}^{x_N} \mathrm{e}^{-i\phi x}\left[\frac{D(x, f)}{|D(x, f)|}\right]\mathrm{d}x = \int_{x_0}^{x_N} \mathrm{e}^{-i(\phi-\Phi)x}\left[\frac{A(x, f)}{|A(x, f)|}\right]\mathrm{d}x \tag{2-20}$$

由式(2-20)可知，对归一化后的振幅沿偏移距方向叠加，当 $\phi = \Phi$ 时，频率 f 处出现极大值，再根据式 $\phi = 2\pi f/v(f)$ 对 $v(\phi, f)$ 谱进行坐标变换，即可得到 $f-v$ 域的频散能量图。

利用相移法对上述两个模型的数值模拟记录提取频散曲线，图 2-11、图 2-12 分别为相移法得到的频散能量图，由图中结果可见，相移法对基阶模式频散能量分辨率较高，在高频段比 $\tau-p$ 变换法更准确，但其对高阶模式频散能量的分辨效果较差，这是由于面波具有多模式特性，相移法计算的相位为基阶和高阶相位的混合值，因此，对高阶模式频散曲线提取效果较差。

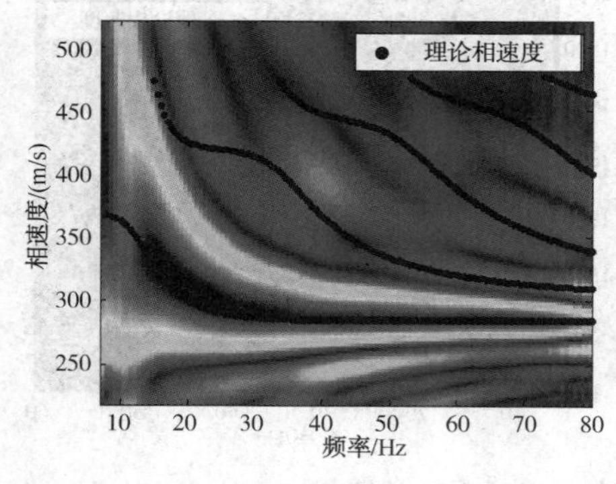

图 2-11 相移法计算的模型一的频散能量图

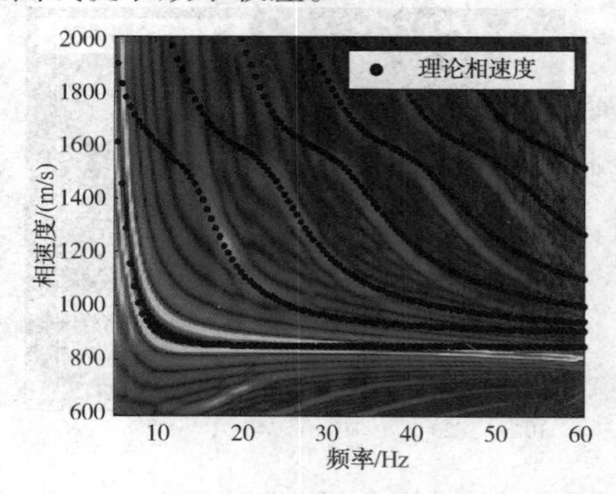

图 2-12 相移法计算的模型二的频散能量图

2.4 频散曲线提取方法的改进

$F-K$ 变换法、$\tau-p$ 变换法和相移法提取频散曲线的过程，是将 $x-t$ 域的信号变换到 $f-v$ 域来实现的，上节中对理论数据的处理表明，3 种方法对高阶模式频散能量的分辨率都不足，这是由面波的固有性质及信号源本身的频带限制共同造成的。本节将依据 3 种常用方法的原理提出改进的策略，提高 3 种方法提取高阶模式频散曲线的能力。

2.4.1 振幅均衡处理

面波信号中高阶模式能量通常较弱，并且其信号能量在不同频率处的分布是不均等的，因此，经过计算后得到的频散能量谱也表现出各模式能量不均一现象。为了提高频散能量谱的分辨率，需要对其振幅进行改造，Lu 等提出了利用加权滑动平均的方法对频散能量谱的振幅进行处理，计算式为：

$$V(k, f) = \frac{N}{\left[\sum_{i=1}^{N} D(k, f_i)\right]^{\lambda}} D(k, f) \tag{2-21}$$

式中，N 为窗口宽度；λ 为平滑因子，计算点位于窗口中心样点。$N/\left[\sum_{i=1}^{N} D(k, f_i)\right]^{\lambda}$ 为权系数，由窗口内所有点振幅的平均值计算得到。

经过加权滑动平均处理后，频散能量的分辨率将得到改善，但是这种方法在处理时，需要按窗口宽度对数据逐段计算，窗口宽度 N 与平滑因子 λ 取值需要多次试算确定，计算效率较低。因此可提出一种对振幅值求 λ 次幂的处理方法，设频率—速度域的面波信号为 $D(V_R, f)$，首先对 $D(V_R, f)$ 进行归一化处理，这样频散能量谱的最大振幅值将为 1，然后对频散能量谱上每一点的振幅值求 λ 次幂：

$$V(V_R, f) = \left[D(V_R, f)\right]^{\lambda} \tag{2-22}$$

式中，λ 为振幅均衡因子，为取值范围在(0, 1)的常数。

经过上式处理，频散能量谱上的最大振幅将保持不变，而较弱的振幅经过 λ 次幂的计算将得到增加，并且仍然小于最大振幅，但是与最大振幅之间的差异将减小，没有改变原始振幅谱各个峰值之间的主次关系。

图 2-13 和图 2-14 所示为某多道面波的频散能量谱上 f 频率剖面处的原始振幅曲线与振幅均衡处理后的曲线对比图，图中黑色实线表示原始振幅曲线，该曲线有样点 501 个，最大振幅为 1，次级振幅为 0.24，主次振幅值之比为 4.2。图

2－13 中的点划线为加权滑动平均处理方法的结果（计算参数为：窗口宽度 $N=10$，平滑因子 $\lambda=0.4$），由图中可见，振幅曲线的最大幅值得到了压制，次级振幅变化幅度较小，主次振幅值之比降低为2.1。图 2－14 为对振幅求 λ 次幂方法处理后的效果（计算参数为 $\lambda=0.5$），与原始曲线相比，处理后结果（黑色虚线）的最大振幅值未发生改变，而次级振幅的幅值得到了增强，主次振幅值之比降低为1.6。根据处理后的振幅值之比判断，对振幅求 λ 次幂的方法效果更好，并且处理过程更为简便，不需要对曲线分段分别计算加权系数，计算的效率较高。

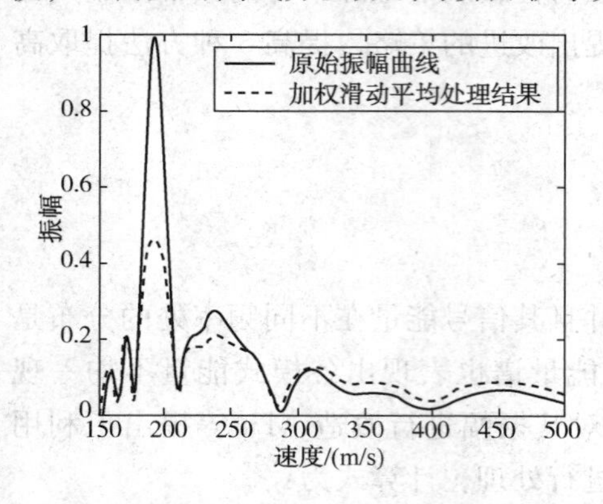

图 2－13　加权滑动平均处理结果

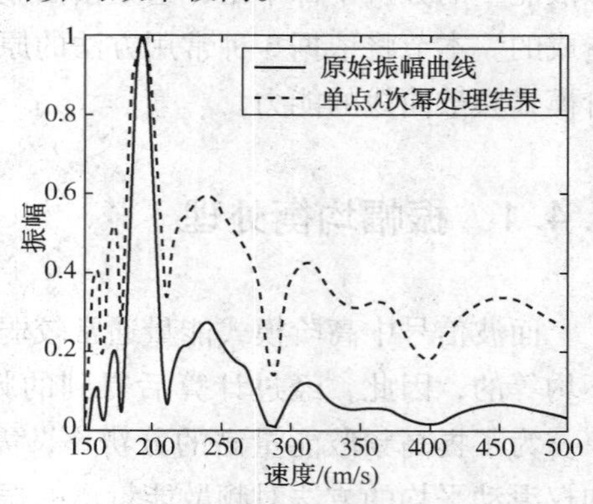

图 2－14　单点 λ 次幂处理结果

2.4.2　计算实例

以 $F-K$ 变换法为例，利用上述改进的多道频散曲线提取办法对数据进行处理。以模型一为例，处理过程为：①抽取出频散能量谱上每个频率剖面的速度—振幅曲线，对每个频率剖面的振幅曲线归一化，使最大振幅值变为1；②对归一化后的曲线上每个点的振幅值求 λ 次幂（$\lambda<1$，此例中令 $\lambda=0.5$）；③利用振幅均衡处理后的频率剖面重新生成频散能量谱。图 2－15 为模型一数据处理后的结果，与传统算法处理结果对比可见，高阶模式能量的分辨率得到了提高，能量团的频率范围也得到了拓展。

仍然令 $\lambda=0.5$，对模型二的数据进行处理，图 2－16 为处理后的结果，与传统算法处理结果对比，可见高阶模式能量的分辨率得到了提高，能量团的频率范围也得到了拓展。

为了进一步验证改进算法的实用性，本节展示了一个对内蒙古河套塔尔湖地区某研究区的实际资料处理案例，该研究区内面波信号采用重锤垂向敲击铁板激发，设置 24 道检波器接收，道间距 1m，最小偏移距 8m，每道采样间隔 0.5ms，采样点数 1024 个。图 2－17 所示为区内采集的一个单炮记录，首先利用传统的 $F-K$

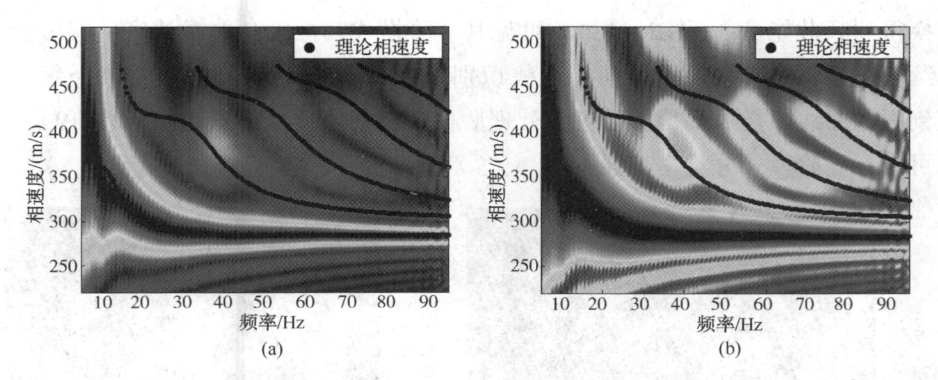

图 2-15　传统的 $F-K$ 变换法(a)和改进的 $F-K$ 变换法(b)对模型一数据的处理结果对比

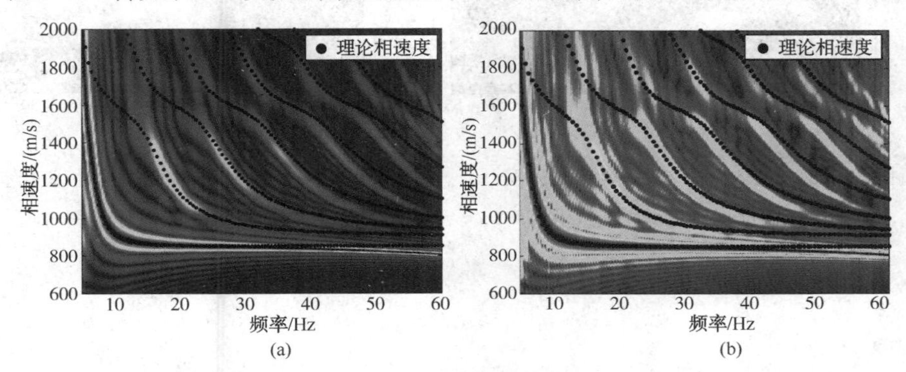

图 2-16　传统的 $F-K$ 变换法(a)和改进的 $F-K$ 变换法(b)对模型二数据的处理结果对比

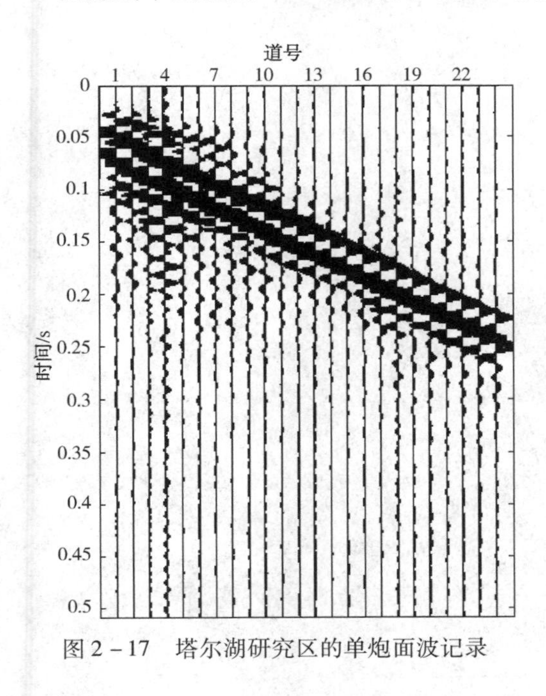

图 2-17　塔尔湖研究区的单炮面波记录

变换得到频散能量谱(图2－18)，可见其基阶模式频散信息非常清晰，频散能量连续且集中，但其高阶模式几乎无法识别。令 $\lambda = 0.6$，对频散能量谱上每个频率剖面的曲线进行振幅均衡处理，处理后再重新生成频散能量谱(图2－19)，由图可见，高阶模式分辨率较强。

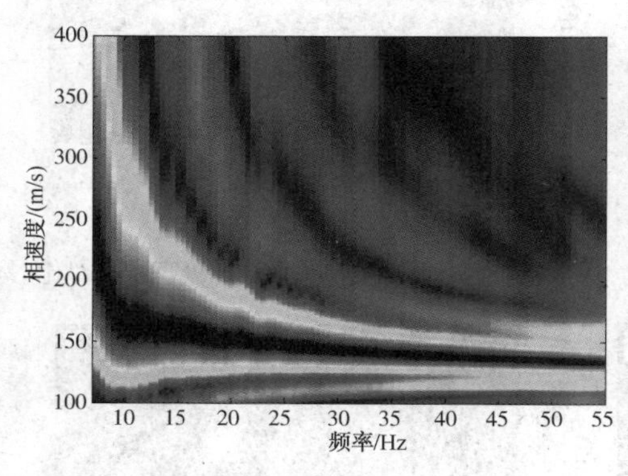

图2－18　传统的 $F-K$ 变换法处理实际单炮数据得到的频散能量图

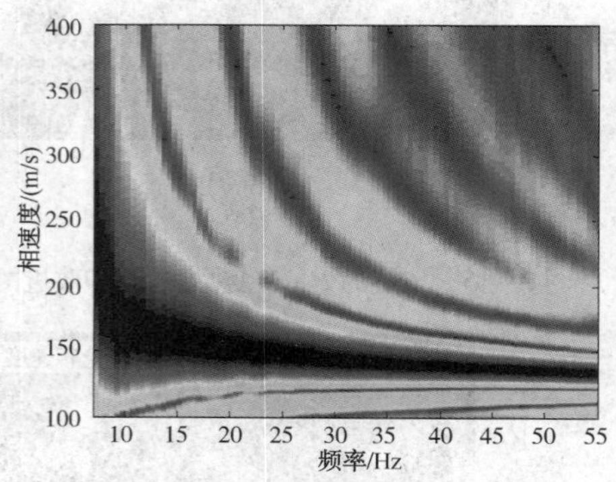

图2－19　改进的 $F-K$ 变换法处理实际单炮数据得到的频散能量图

第3章

噪声源面波频散计算

近年来，噪声地震成像技术蓬勃发展，这类方法不依赖于天然地震或人工激发的震源，而是利用检波器或地震仪对地球上持续存在的微弱震动进行长时间观测，并利用数学和计算机技术从杂乱无章的噪声信号中提取出有效的面波(或体波)信号，进而进行成像，本章对噪声的来源以及利用其计算频散曲线的可行性进行简要介绍。

噪声面波频散曲线计算的前提是通过互相关技术从随机两点记录的背景噪声信号中提取出格林函数，因此，噪声互相关函数对格林函数的近似程度十分关键。地球背景噪声的分布特征和演化规律是影响经验格林函数形态和精度的重要因素。Petersen 等选取了分布在全球的 75 个地震台的数据，在去掉明显的仪器噪声、非典型噪声和地震事件之后，得出了每个台站上的噪声功率谱密度曲线(图 3－1)。

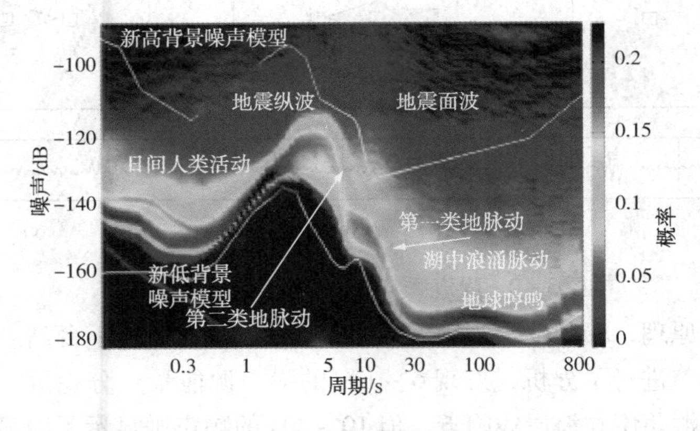

图 3－1　背景噪声的频谱

从图 3－1 可以看出，地球背景噪声在 5～10s 和 10～20s 存在两个明显的峰值，研究人员将此周期范围内的信号称为地脉动，并认为地脉动的产生同海浪与海岸的相互作用有关(Friedrich 等，1998；Tanimoto，2007)。周期 10 ~ 20s 的地脉动被称为第一类地脉动，该信号的周期同全球海浪的主要周期一致，一般认为是浅海海岸在海浪压力驱动下产生的(Hasselmann，1963)。周期为 5 ~ 10s 的地脉动被称为第二类地脉动，被认为是在近海岸两列方向相反、频率相同的第一类地脉动经过非线性耦合产生的（Longuet - Higgins，1950），这两类地脉动的产生，都同海洋与陆地的相互作用有关。周期为 100s 以上的背景噪声，有研究人员称之为“Earth Hum”(Nawa 等，1998)，认为其是大气同地球相互作用引起的。也有研究人员认为，这个周期内的噪声源于海洋次重力波的驱使，是大气、海洋和海岸三者共同作用的结果(Tanimoto，2005；Rhie 等，2004，2006)。也有很多研究人员对更为高频的噪声做了研究，有结果指出，频率高于 1Hz 的噪声更多地显示出日变化和周变化，可能同人类活动有关(Bonnefoy Claudet 等)。此外，Young 等也指出，在风力驱动下，可以产生 10 ~ 60Hz 的高频广谱噪声。

研究表明，噪声的来源及能量的差异会极大影响噪声相关函数的形态。任意两个接收点处的噪声信号进行互相关运算后，都可以得到正、负两个分支的互相关函数，分别表示接收点连线路径上的因果和非因果信号。当两个接收点附近的噪声源分布均匀时，因果信号和非因果信号的到时一致，振幅相同，如图 3 - 2(a)所示。而当噪声源分布不均匀时，两个方向的信号到时相同，但振幅不同，在噪声源能量较强的一侧产生的信号振幅较大，如图 3 - 2(b)(c)所示。利用因果和非因果信号幅度的差异，可以对接收点两侧的优势噪声方向进行分析。

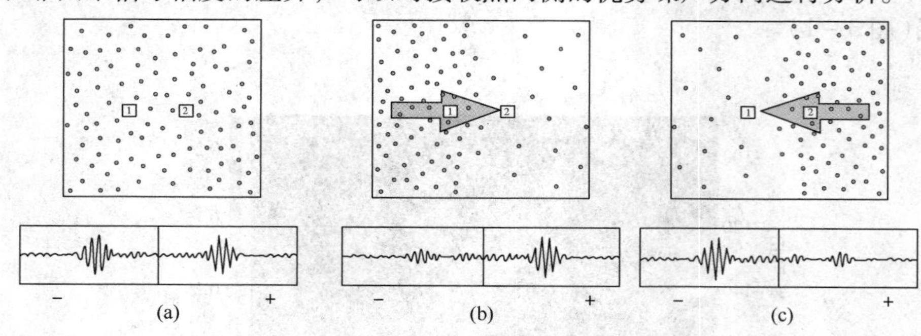

图 3 - 2　噪声源分布对互相关函数的影响

基于这个原理，Stehly 等利用美国、欧洲和坦桑尼亚若干台站一年的数据对不同周期的噪声进行了分析，发现 5 ~ 10s 的噪声源能量十分稳定，并不随季节变化，且其来源集中在海岸线附近，但 10 ~ 20s 的噪声则显示了明显的季节性变化，并且其变化趋势同 20 ~ 40s 的噪声相似。他们据此认为，10 ~ 20s 的噪声可能并不来自于海岸线，而是同更长周期面波一样，起源于大洋深水区的海浪波动。Yang 和 Ritzwoller 等选用了更多的台站资料用类似方法对噪声来源进行研究后发现，10~20s 以及 5~10s 的噪声优势方向都表现出了明显的季节性变化，且都源自海岸线。10~20s 的噪声在部分地区有方向变化，可能是地震波的传播和衰减引起的，而不是因噪声源位置的不同引起的。Pedersen 等利用台阵 $F-K$ 分析的方法研究了芬兰地区的噪声，也得出了地脉动频段内的噪声起源于海岸线的结论。

在地球上还有一种特殊的噪声源，可持续产生噪声，其空间尺度较小且位置相对固定。Shapiro 等发现在非洲几内亚湾附近就有一个持续定域的噪声源，常年产生周期为 26s 的噪声(图 3-3)。此噪声源导致在噪声相关函数中产生了周期为 26s 的窄带信号，该信号表现为面波形式，能量很强且稳定。这类噪声源的位置固定，其信号持续存在，因此，通过长时间的平均以及因果和非因果信号的叠加处理都不能将其消除。时间叠加效应会使其能量大大加强，甚至高于台站对所在大圆路径的面波信号，从而严重影响后续研究的可靠性。Gu 等在意大利南部和北部、Zeng 等在日本九州岛附近也发现了类似的噪声源。这种持续定域噪声源的产生机制，可能同当地特殊的地势结构有关，也有可能同火山活动等非海洋因素有关，这种噪声源值得进一步研究。

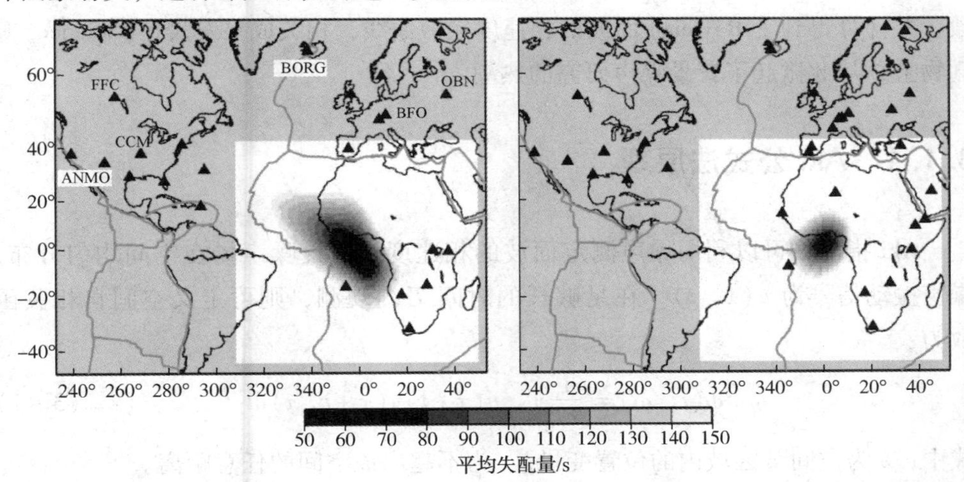

图 3-3　几内亚湾 26s 持续噪声源

由上述内容可见，地球上真实的噪声源分布是不均匀的，并具有明显的方向性和季节性变化，而在对噪声面波数据的处理中，模式均分原理要求噪声源的分布是均匀且随机的，为什么我们依然能够提取到有效的格林函数信息呢？Snieder 基于稳相近似理论对这一现象进行了解释，认为对两点之间格林函数的提取影响最大的是位于两个台站连线两侧的稳相区域，在这个稳相区域之外的噪声源，对格林函数提取的贡献较小。同时，地下介质的不均匀性和散射体的存在，会导致噪声的散射现象，而使其分布更为随机化，使得噪声源分布的不均匀性减弱。此外，有研究人员还指出，在背景噪声干涉研究中可以用一年或者更长时间的叠加来实现噪声的随机化，消除噪声源季节变化的影响，并可以对互相关得到的因果和非因果信号做叠加处理，以等效噪声源的均匀分布（Yang 等，2008；鲁来玉等，2009；Bensen，2007）。

基于上述原理，研究人员能够从噪声信号中恢复出经验格林函数，进而发展了适用于噪声面波信号处理的频散曲线计算方法，如时频分析、Aki 公式法等。

3.1 Aki 公式法计算频散曲线

1957 年，Aki 首次提出利用随机背景噪声信号可以获取面波的频散特征信息。2003 年，Campillo 与 Paul 对不同台站的地震尾波记录进行互相关计算，并对互相关结果进行叠加，获得了台站间的经验格林函数。2005 年，Shapiro 等对多日连续记录的背景噪声数据进行互相关运算，提取出了台站间的经验格林函数，并计算得到了 Rayleigh 面波的相速度频散曲线，相关成果发表在《Science》等刊物上，从此掀起了背景噪声研究的热潮。

3.1.1 Aki 公式法原理

Aki 指出，可以利用噪声测定面波的相速度，假设噪声场在空间均匀分布，噪声振动信号为 $u(x, t)$，在足够长的时间 T 内观测，则可定义空间自相关函数为：

$$\phi(r, \omega) = \frac{1}{2T}\int_{-T}^{T} u(x, t)u(x+r, t)\mathrm{d}t \tag{3-1}$$

式中，x 为空间某区域内的位置变量；r 为不超出该空间的任意距离。

在极坐标系下，空间自相关系数可以表示为：

$$\overline{\phi}(r) = \frac{1}{2\pi}\int_{0}^{2\pi} \phi(|\xi| = r)\mathrm{d}\theta \tag{3-2}$$

式中，θ 为空间区域内某台站的方位角；$\overline{\phi}(r)$ 为位于 $|\xi| = r$ 半径上所有台站的空间自相关函数的方位角平均值。若所有台站在一圆形区域进行观测，将 $\overline{\phi}(r)$ 对圆心处台站的空间自相关函数进行归一化，则可以得到：

$$\rho(r, \omega_0) = \frac{\overline{\phi}(r, \omega)}{\phi(0, \omega)} = J_0\left[\frac{\omega_0}{c(\omega_0)}r\right] \tag{3-3}$$

式中，$\rho(r, \omega_0)$为空间自相关系数；J_0为第一类零阶贝塞尔函数；r为圆形台阵的半径；$c(\omega_0)$为频率ω_0处的相速度值。

该式表明如果得到了(r, ω_0)对应的的空间自相关系数$\rho(r, \omega_0)$，那么就可以求得对应ω_0频率处的相速度值$c(\omega_0)$。

随着噪声成像技术的发展，研究人员证明了对两个台站记录的噪声信号做互相关运算可以获得其经验格林函数，其中一个台站位置处即可视为震源，另一个台站可以视为接收装置。仍然设噪声振动信号为$u(x, t)$，则两个台站的互相关函数可以定义为：

$$C(x_a, x_b, t) = \frac{1}{2T}\int_{-T}^{T} u(x_a, \tau)u(x_b, \tau + t)\mathrm{d}\tau \tag{3-4}$$

式中，$u(x_a, \tau)$和$u(x_b, \tau)$为位于a、b两位置处的台站记录的噪声信号；$C(x_a, x_b, t)$为a、b两台站噪声记录的互相关结果。Asten和Nakahara指出，互相关函数的频谱与Aki的空间自相关系数是相似的，Tsai和Moschetti进一步证明了空间自相关理论和时域互相关理论是对同一物理现象的不同表述，因此令式(3-4)中$x_a = x$，$x_b = x + r$，并代入式(3-1)，易证明：

$$\phi(r) = C(x_a, x_b, 0) \tag{3-5}$$

该式表明，空间自相关函数等于零延时的时域互相关函数，若定义$f \equiv Re[f] + i\mathrm{Im}[f] \equiv \int_0^{2\pi} \rho_S(\theta, \omega)\mathrm{e}^{i\omega r\cos\theta/c}\mathrm{d}\theta$，则$\phi(r, \omega) = Re(f)$，$C(t, \omega) = Re(\mathrm{e}^{-i\omega t}f)$。因此，对$C(t, \omega)$做傅里叶变换得：

$$\mathbb{F}[C_{x_1x_2}(t, \omega_0)] = \pi[Re(f) - i\mathrm{Im}(f)]\delta(\omega - \omega_0) + \pi[Re(f) + i\mathrm{Im}(f)]\delta(\omega + \omega_0) \tag{3-6}$$

式(3-6)表明，$\phi(r, \omega)$是互相关谱的实部。Ekström基于该等价关系，将式(3-3)中的空间自相关系数$\rho(r, \omega_0)$用互相关函数的频谱$\mathbb{F}[C_{x_1x_2}(t, \omega_0)]$替换，得到相速度计算公式：

$$v(f_n) = \frac{2\pi f_n r_{ab}}{Z_n} \tag{3-7}$$

式中，r_{ab}为进行互相关的a、b两个台站之间的距离，f_n为互相关谱实部的第n个零点，Z_n为贝塞尔函数的第n个根。Ekstrom指出，在实际计算中，由于受到数据的能量谱密度分布不均和数据处理的非线性效应影响，互相关谱不能严格拟合贝塞尔函数，然而其谱上零点位置对能量谱密度变化不敏感，因此，可以利用互相关谱零点与贝塞尔函数的根的对应关系，计算离散频点的相速度值，最后拟合得到频散曲线。

3.1.2 计算案例

本小节结合理论和实际记录介绍 Aki 公式法的详细计算过程。设置一两层速度递增模型，参数见表 3－1，利用高阶交错网格有限差分和 PML 吸收边界进行波场正演模拟，模型长×宽为 80m×50m，震源采用 20Hz 主频雷克子波，子波延迟 60ms，设置 4 个检波器，与震源距离分别为 15m、20m、25m、35m，设置采样间隔为 0.1ms，记录时长 500ms。

表 3－1 两层速度递增模型参数

层号	h/m	ρ/(kg/m^3)	v_P/(m/s)	v_S/(m/s)
1	10	2000	800	200
半空间	—	2000	1200	800

图 3－4 为偏移距为 25m 的检波器的理论波形记录，记录中面波能量占主导。Aki 公式计算频散曲线具体由以下 4 个步骤实现：

（1）利用快速傅里叶变换计算面波信号的频谱。图 3－5 为图 3－4 波形的快速傅里叶变换结果，其中虚线为频谱的虚部曲线，实线为频谱的实部曲线。

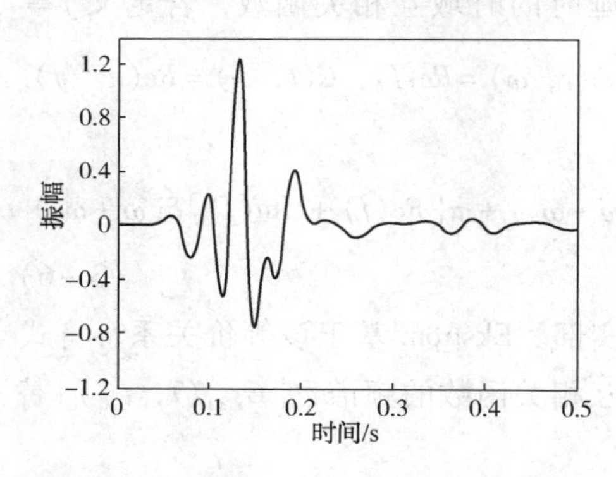

图 3－4 25m 偏移距理论地震记录波形

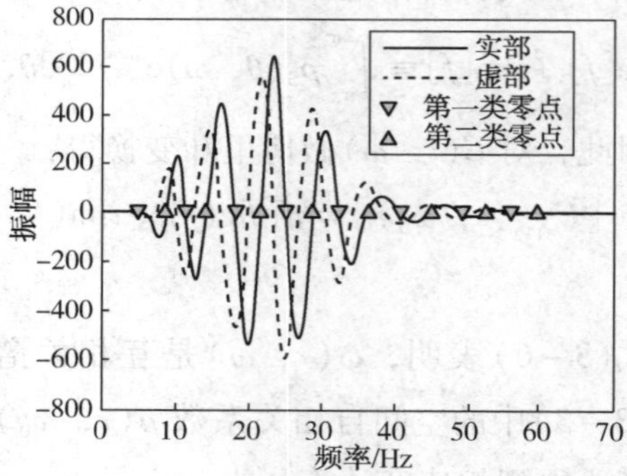

图 3－5 地震记录的频谱及零点

（2）识别频谱实部曲线的所有零点并将其分类。设实部曲线的振幅为 $s(n)$，$n=1, 2, 3, \cdots$，频率为 $f(n)$，$n=1, 2, 3, \cdots$，n 为采样序列。若 $s(n)>0$，且 $s(n)\cdot s(n+1)<0$，则表示在序列点 n 处振幅为正，而 $n+1$ 处振幅为负，实部曲线在 n 与 $n+1$ 点之间穿过了 x 轴，因此定义在 $[f(n)+f(n+1)]/2$ 频率处，实部曲线产生一个零点，零点附近实部曲线呈现出由正到负穿过 x 轴的形态，将实部曲线上所有该类型的零点记为第一类零点，在图 3－5 中用向下的三角形标出；若 $s(n)<0$，且 $s(n)\cdot s(n+1)<0$，则表示在序列点 n 处振幅为负，而

$n+1$ 处振幅为正，实部曲线在 n 与 $n+1$ 点之间穿过了 x 轴，因此，定义在 $[f(n)+f(n+1)]/2$ 频率处，实部曲线产生一个零点，零点附近实部曲线呈现出由负到正穿过 x 轴的形态，并将该类型的零点记为第二类零点，在图 3-5 中用向上的三角形标出。

(3)识别第一类零阶贝塞尔函数的零点(根)。图 3-6 中黑色曲线表示第一类零阶贝塞尔函数，也通过第(2)步中所述方法识别出贝塞尔曲线的零点(根)并对其分类，同样使用向下的三角形表示第一类零点，向上的三角形表示第二类零点。

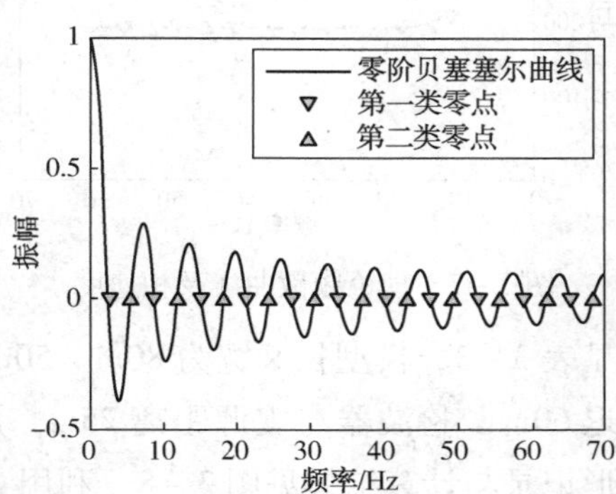

图 3-6　第一类零阶贝塞尔函数及其根

(4)将步骤(2)、(3)中识别出的频谱零点 ω_n 与贝塞尔曲线零点 Z_n 代入式(3-7)，即可算出相速度 $c(\omega_n)$，需要注意的是，计算时必须将频谱和贝塞尔函数的同类型的零点对应计算。例如在图 3-5 中，第一个零点(向下三角形，横坐标 2.405)附近的贝塞尔曲线由正到负穿过 x 轴，因此应将其与频谱的第一个由正到负穿过 x 轴的零点(向下三角形，频率为 5.15Hz)映射计算，这样就得到了该零点频率处的相速度值(336.3659m/s)，见表 3-2 左侧第一行。然后再将频谱上第二个零点(该点为第二类零点，以向上三角形表示，频率为 8.8215Hz)与贝塞尔曲线第二个零点(该点为第二类零点，以向上三角形，横坐标为 5.525)映射计算，得到该频点相速度 250.811m/s，见表 3-2 右侧第一行。以此类推，即可以按照频率由小到大的顺序，逐个计算出所有零点频率的相速度值。

表 3-2　零点与相速度列表

第一类零点频率/Hz	对应的零阶贝塞尔函数的根	计算的相速度/(m/s)	第二类零点频率/Hz	对应的零阶贝塞尔函数的根	计算的相速度/(m/s)
5.15	2.405	336.3659	8.8215	5.525	250.8011
11.282	8.655	204.7565	14.3528	11.795	191.1431
18.1293	14.935	190.6764	21.7342	18.075	188.88
25.1102	21.215	185.9207	28.8486	24.355	186.0618
32.5298	27.495	185.8437	36.4017	30.635	186.6484
40.9412	33.755	190.4081	45.2137	36.915	192.392
49.1238	40.055	192.6437	52.6714	43.195	191.5409
56.181	46.345	190.4172	59.6523	49.485	189.3537

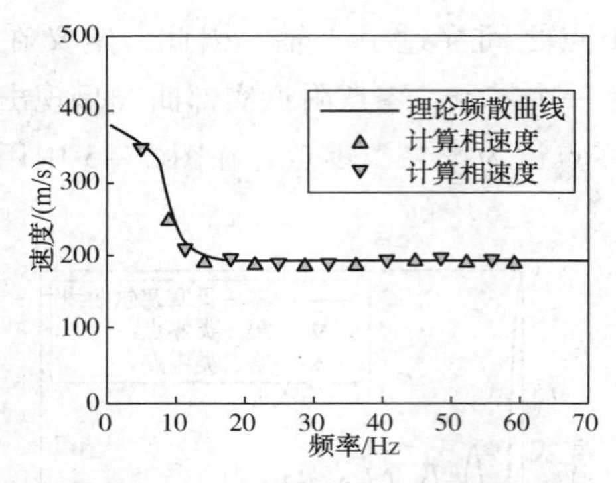

图 3－7　理论频散曲线及相速度

图 3－7 中的三角形表示通过上述方法计算得到的零点频率处的相速度值，三角形的方向与用于计算的频谱和贝塞尔函数的零点相一致。图中的曲线为该模型的理论频散曲线，二者吻合很好，理论值与计算值的最大相对误差小于 5%。

再设置一个含高速夹层的模型验证 Aki 法的有效性与正确性，该模型地层参数见表 3－3，模型长×宽为 80m×50m，震源采用 20Hz 主频的雷克子波，子波延迟 60ms，检波器与震源距离 25m，设置采样间隔为 0.1ms，记录时长 500ms，波形记录与计算结果见图 3－8。利用 Aki 法从该模型的理论记录中计算出了面波的相速度值，并将结果与理论频散曲线对比，二者吻合很好，理论值与计算值的最大相对误差小于 5%。

表 3－3　含高速夹层模型参数

层号	h/m	ρ/(kg/m^3)	v_P/(m/s)	v_S/(m/s)
1	10	2000	800	200
2	5	2000	1600	500
半空间	—	2000	1200	400

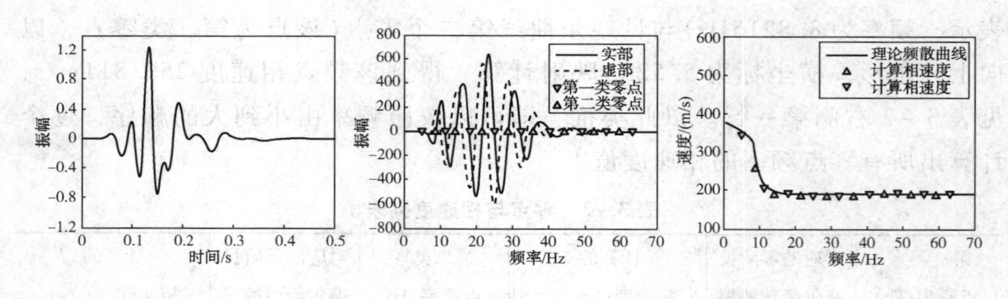

图 3－8　模型二的理论地震记录和频散曲线

3.1.3　偏移距对 Aki 法计算结果的影响

研究表明，偏移距对 Aki 法计算精度有一定的影响，可利用模型一中 15m、20m、35m 偏移距的地震记录进行处理，评估偏移距的影响。图 3－9 分别为偏移距为 15m 的检波器的波场记录、频谱以及计算的相速度值，观察频谱可知，面波能量主要集中在 10～45Hz 频带，在主要频带内相速度与理论值的最大相对误差小于6%，而在主要能量频带之外误差较大，例如第一个零点位于5.65Hz处，该频点计算出的相速度与理论值的相对误差达25%，这是因为在频率小于10Hz的范围面波能量迅速减弱，零点的位置也产生了较大的偏差，因此计算结果误差增大。另一方面，当频率为10Hz时，面波相速度为238.6m/s，可据此估算出10Hz频率成分的面波波长约为23m，而该检波器的偏移距为15m，由此可知在检波器位置处面波小于10Hz的长波长成分尚未完全发育，从另一个方面解释了低频段相速度计算值的较大误差。

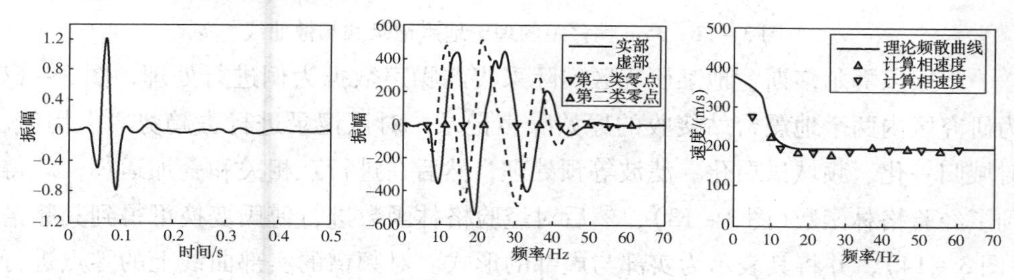

图3-9　15m偏移距的理论地震记录和频散曲线

图3-10为偏移距为20m的检波器的波场记录、频谱以及计算的相速度值，面波能量主要集中在7~50Hz频带，由于偏移距增大，长波长成分的面波发育较好，因此计算的相速度精度提高，在7~50Hz频带内相速度与理论值的最大相对误差小于5%，第一个零点5.95Hz频率处算出的相速度与理论值相对误差减小为9%。图3-11为偏移距为35m的检波器的波场记录、频谱以及计算的相速度值，面波能量主要集中在5~50Hz频带，由于偏移距进一步增大，长波长成分的面波完全发育，因此，计算的相速度精度提高，在5~50Hz频带内相速度与理论值的最大相对误差小于3%，相比于15m偏移距数据的计算结果，第一个零点4.1Hz处算出的相速度与理论值相对误差减小为4.5%。

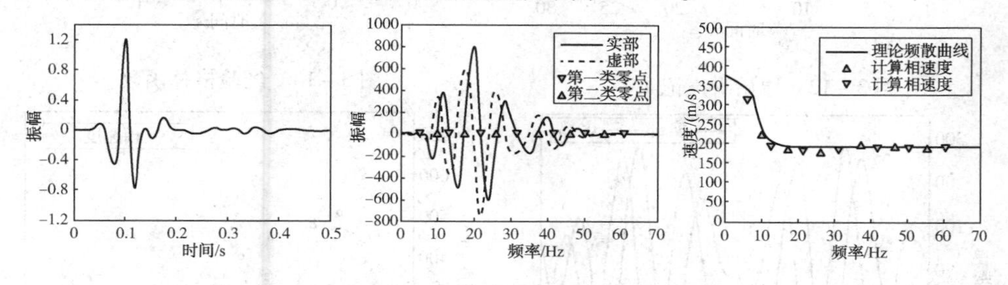

图3-10　20m偏移距的理论地震记录和频散曲线

对比分析不同偏移距的面波相速度计算的结果，可见Aki公式法的计算精度取决于两个方面：①面波频谱零点识别的精度，在采集的面波主要能量频带范围之外，频谱的振幅迅速衰减，这将给零点位置的识别带来偏差，使得计算的误差增大；②偏移距与面波波长的关系，当计算频率成分的面波的波长大于偏移距时，该成分面波尚未完全发育，因此计算结果的误差也会增大。

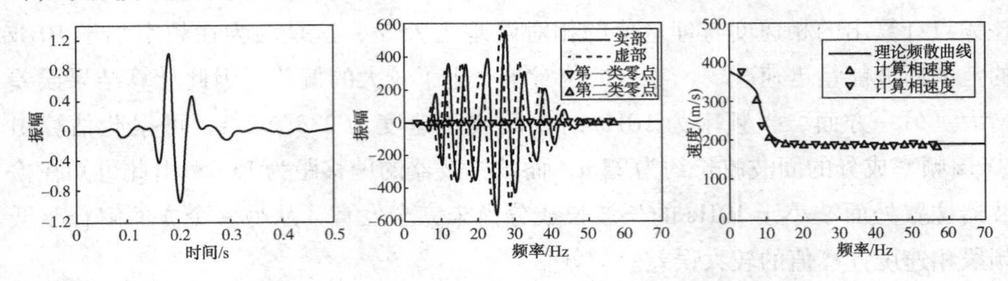

图 3－11　35m 偏移距的理论地震记录和频散曲线

下面以鄂尔多斯盆地某研究区实际采集的噪声数据为例进行处理，图 3－12 为研究区内两个地震台站接收的原始噪声记录，对该记录进行去趋势、去均值、时域归一化、频域谱白化、滤波等预处理，然后在进行互相关和叠加运算，就得到了经验格林函数(图 3－13)，然后对经验格林函数进行傅氏变换可得到其频谱(图 3－14)，并将其表示为实部与虚部的形式。对频谱的实部曲线上的零点进行识别，将其代入 Aki 公式，就得到了离散频点处的相速度值，拟合所有相速度就可以获得频散曲线(图 3－15)。

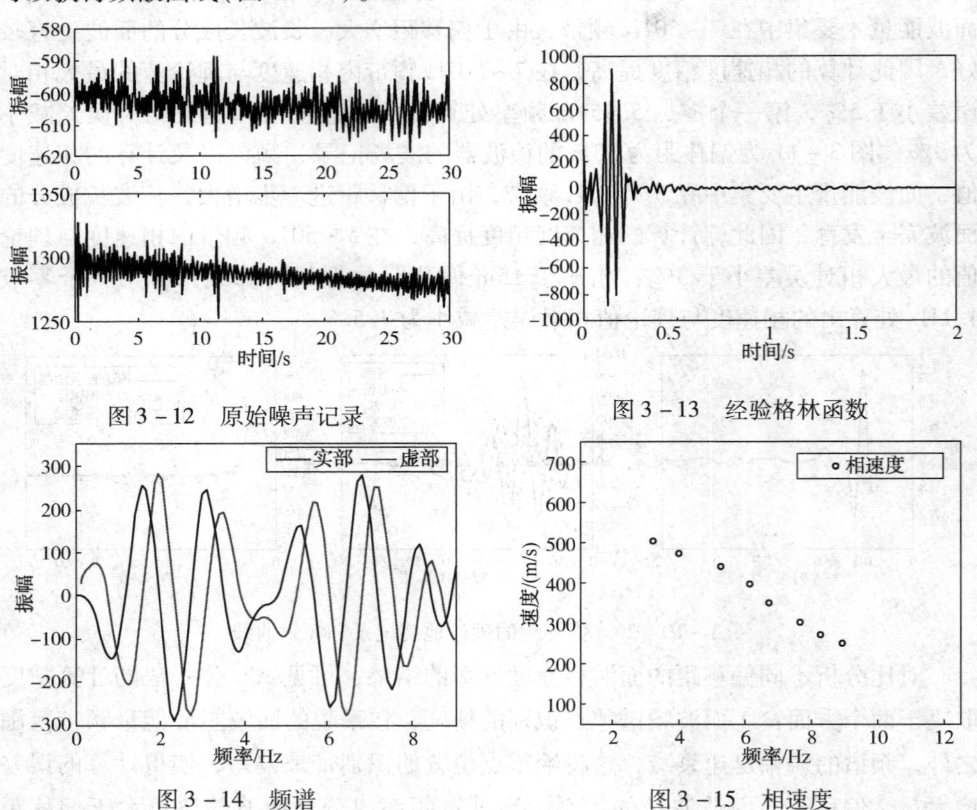

图 3－12　原始噪声记录

图 3－13　经验格林函数

图 3－14　频谱

图 3－15　相速度

3.2 时频分析

通过对噪声互相关函数的处理，Bensen 等利用时频分析的方法获得了频散曲线，其原理为：

如果 $S(t)$ 是将要处理的互相关函数波形，则其傅里叶变换用正指数定义为 $S(\omega)$，可以利用其“分析信号”获得频散曲线，该分析信号在频域中简单地定义为：

$$S_a(\omega) = S(\omega)[1 + \mathrm{sgn}(\omega)] \tag{3-8}$$

上式的时间域傅里叶逆变换为：

$$S_a(t) = S(t) + iH(t) = |A(t)| \exp[i\phi(t)] \tag{3-9}$$

$H(t)$ 是 $S(t)$ 的 Hilbert 变换，为了构造频率—时间函数，分析信号可以利用具有中心频率 ω_0 的窄带高斯滤波器表示：

$$S_a(\omega, \omega_0) = S(\omega)[1 + \mathrm{sgn}(\omega)]G(\omega - \omega_0) \tag{3-10}$$

$$G(\omega - \omega_0) = \mathrm{e}^{-\alpha\left(\frac{\omega - \omega_0}{\omega_0}\right)^2} \tag{3-11}$$

将每个带通函数逆变换回时域将产生平滑的 2D 包络函数 $|A(t, \omega_0)|$ 和相位函数 $\phi(t, \omega_0)$。α 是一个可调参数，它定义了频域和时域中的互补分辨率，并且通常是相互依赖的。利用包络函数 $|A(t, \omega_0)|$ 和相位函数 $\phi(t, \omega_0)$ 就可以分别计算群速度和相速度，进而获得频散曲线。

3.3 噪声源频散计算方法在人工源数据中的应用

研究表明，噪声互相关获得的格林函数与主动源信号的格林函数是一致的，这为借鉴噪声面波频散计算方法计算主动源频散提供了依据，本节讨论如何利用 Aki 公式从一个主动源共炮点道集的两道记录中提取面波频散曲线。需要指出的是，在模拟数据的实例中，震源子波延迟为已知，因此可以通过单道计算频散曲线，而在处理实际数据时，由于震源子波相位延迟是未知的，因此，需采用互相关的方法消除子波延迟。

以内蒙某研究区的实际资料为例，区内面波信号由一 5kg 重锤垂直敲击铁板激发产生，检波器排列设置 24 道接收，道间距 1m，最小偏移距 5m，各道检波器采样间隔为 0.5ms，采样点 1024 个，采集的面波记录如图 3－16 所示。首先利用多道分析的方法（以 $F-K$ 变换为例）生成这一炮记录的频散能量图（图 3－17）。

然后从道集中抽取第一道和最后一道，使测点与多道排列测点相对应，利用 Aki 法对两道记录进行处理，计算出相速度频散曲线(图 3 – 17 下图中黑色点划线)，结果显示，Aki 法计算的结果与多道面波分析法计算结果吻合很好。

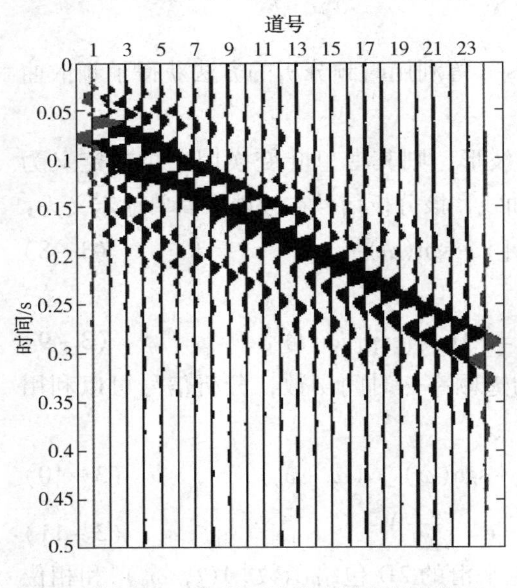

图 3 – 16　实际面波数据及频散曲线

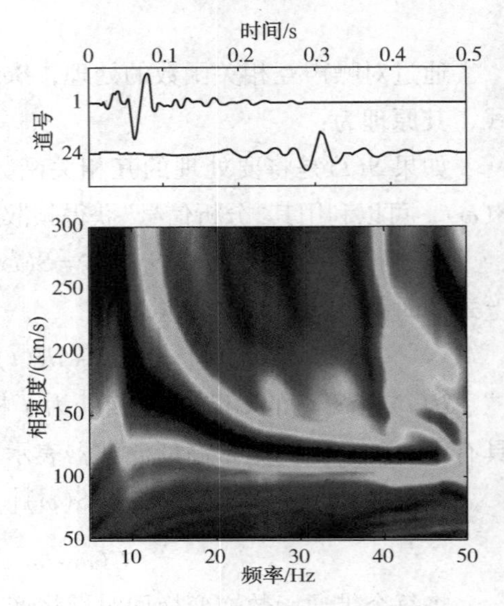

图 3 – 17　频散计算结果

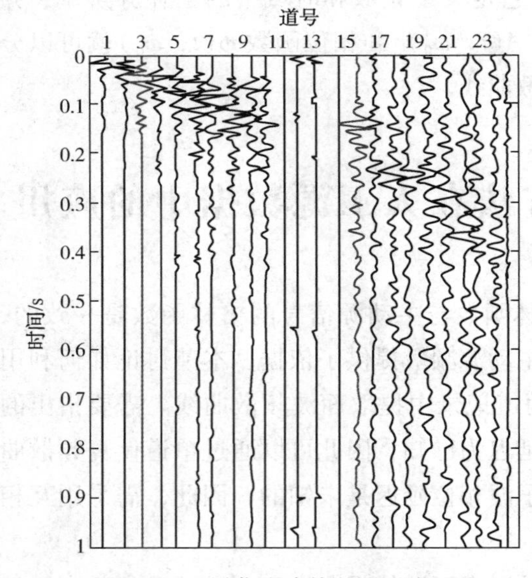

图 3 – 18　川藏公路某滑坡面波记录

利用多道面波法提取频散曲线时，当一炮记录中含有坏道或检波器的道数减少时，面波的频散能量的分辨率将降低，这会给频散曲线的提取带来较大的误差，最终影响反演的横波速度结构的准确性。图 3 – 18 为在川藏公路某滑坡体采集的面波记录，可见其中第 11 ~ 14 道为坏道，并且 15 道之后信噪比较低，面波波形受到较大干扰，因此，其频散能量图中无法提取出可靠的频散曲线(图 3 – 19)。然而该炮集记录中也有部分检波器数据的质量较好，则可以抽取其中的某两道(如第 3 道和第 15 道)，利用 Aki 法计算相速度，计算结果如图 3 – 20 中黑色点划线所示。为了验证计算结果的准确性，抽取该炮集中数据信噪比较高、质量较好的

1～10 道，用 $F-K$ 变换法生成频散能量图（图 3－20），并将 Aki 法计算的频散曲线叠加在频散能量图上，可见二者吻合较好。

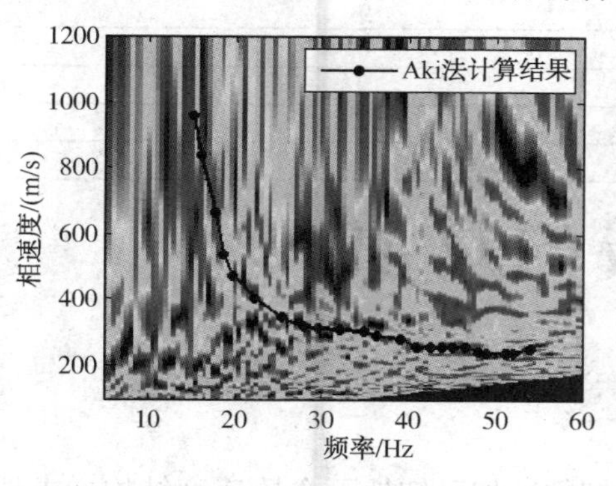

图 3－19　原始面波记录生成频散能量图

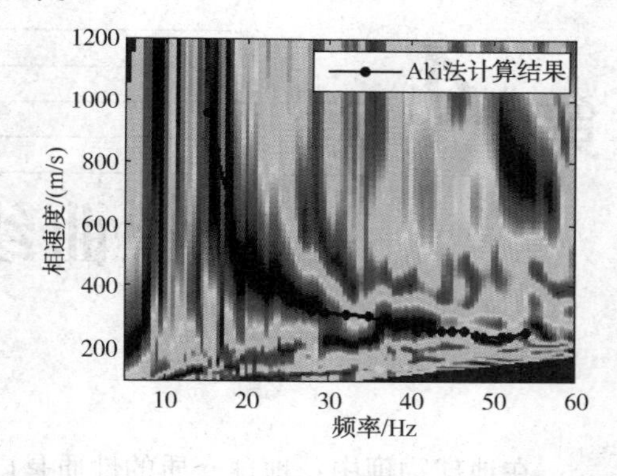

图 3－20　前 10 道记录生成的频散能量图以及 Aki 法计算的频散曲线

第 4 章 频散曲线的反演

在地球物理中，地球介质的性质是已知的，如已知地下介质速度结构，求地震波走时，即正演问题；反之，如已知地震波走时，求地下介质速度结构，即反演问题。反演问题是地球物理研究中的重点内容，具体来说，地球物理反演就是利用地球表面观测到的物理现象推测地球内部介质物理状态的空间变化和物性结构。反演研究的方法是对地球数据、模型和约束条件进行数学描述的基础上，根据数学物理方程推导出求解算法，获得表征地球结构的参数。

频散曲线的反演是一个非线性问题，最初的频散曲线反演主要基于半波长理论，首先根据频散曲线计算出不同频率处的面波的波长，然后利用相速度与横波速度的近似关系，以该频率的相速度计算出半波长深度处地层的横波速度，这种反演方法主观性较强，并且相速度与横波速度的近似关系是基于均匀半空间的假设推导出的，因此，在复杂介质中的反演结果不可靠。真正的反演是寻找一组模型参数使其正演得到的频散曲线与观测频散曲线拟合最佳，目前，关于面波反演的研究已经由经典的线性反演方法(如最小二乘法、Occam 法)发展到了非线性的全局优化算法(如遗传算法、模拟退火法等)，本章对不同的反演方法进行介绍。

4.1 阻尼最小二乘法

4.1.1 方法原理

阻尼最小二乘法又称为 Levenberg - Marquardt(LM)方法，本节对一种引入奇异值分解技术的 LM 方法进行简要介绍。由第一章内容可知，在一个 n 层地球模型中，面波频散曲线能够通过 Knopoff 方法计算得到，求解相速度c_{Rj}的隐式方程可表示为：

$$F(f_j,\ c_{Rj},\ v_S,\ v_P,\ \rho,\ h)=0 \qquad (4-1)$$

式中，f 为频率；v_S、v_P 分别为横波和纵波速度；ρ 为地层的密度；h 为地层的厚度。

若各层的横波速度可以表示为 $\boldsymbol{x} = [v_{S_1}, v_{S_2}, v_{S_3}, v_{S_4}, \cdots, v_{S_n}]^T$，与此类似，观测的 m 个频点处的相速度可以表示为 $\boldsymbol{b} = [b_1, b_2, \cdots, b_m]^T$，由于相速度 c_{Rj} 的表达式是非线性的，因此需要将其线性化求解：

$$\boldsymbol{J}\Delta x = \Delta b \tag{4-2}$$

式中，$\Delta b = \boldsymbol{b} - c_R(x_0)$，为观测数据和初始模型的估计数据之间的差值；$c_R(x_0)$ 为初始横波速度的模型响应；Δx 为初始模型的修改量，$\boldsymbol{J}$ 为 m 行 n 列 Jacobian 矩阵($m > n$)，$\boldsymbol{J}$ 中的元素为相速度 c_R 对横波速度的一阶偏导。

由于频散曲线中相速度的观测点数 m 通常大于模型的地层数 n，因此上式可通过优化算法求解，定义目标函数 Φ 为：

$$\Phi = \| \boldsymbol{J}\Delta x - \Delta b \|_2 \boldsymbol{W} \| \boldsymbol{J}\Delta x - \Delta b \|_2 + \alpha \| \Delta x \|_2^2 \tag{4-3}$$

式中，$\| \boldsymbol{J}\Delta x - \Delta b \|_2$ 为向量的 2 范数；α 为阻尼因子；$\boldsymbol{W}$ 为加权矩阵，该矩阵为对角矩阵，且矩阵中的元素为正，可以用对角矩阵 $\boldsymbol{L}$ 表示为 $\boldsymbol{W} = \boldsymbol{L}^T\boldsymbol{L}$。

上式表示加权的最小二乘问题。1963 年，Marquardt 指出，阻尼因子控制着 Δx 的收敛方向，通过调整阻尼因子，可以提高反演算法的速度，并保持反演过程的稳定性，阻尼因子 α 的选取通常需要多次试算确定，Xia 等引入了奇异值分解技术，令目标函数 Φ 达到极小，避免了重复计算反演矩阵($\boldsymbol{A}^T\boldsymbol{A} + \alpha\boldsymbol{I}$)中的阻尼因子，反演矩阵中的 $\boldsymbol{A} = \boldsymbol{LJ}$。其解为：

$$\Delta x = \boldsymbol{V}(\Lambda^2 + \alpha\boldsymbol{I})^{-1}\Lambda \boldsymbol{U}^T\boldsymbol{d} \tag{4-4}$$

式中，矩阵 $\boldsymbol{A}$ 通过奇异值分解表示为 $\boldsymbol{A} = \boldsymbol{U}\Lambda\boldsymbol{V}^T$；$\boldsymbol{d} = \boldsymbol{Lb}$；$\boldsymbol{I}$ 为单位对角矩阵。

Jacobian 矩阵说明了不同频率的相速度数据控制着反演的不同深度的横波速度的分辨率，矩阵中的每一列表示频散数据对不同深度的敏感性，因此，可以通过挑选特定频率处的相速度来定义反演的初始横波速度模型，初始模型横波速度可由以下公式表示：

$$\begin{cases} v_{s_1} = c_R(\text{high})/\beta, \text{第一层} \\ v_{s_n} = c_R(\text{low})/\beta, \text{半空间} \\ v_{s_i} = c_R(f_i)/\beta, i = 2, 3, \cdots, n-1 \end{cases} \tag{4-5}$$

式中，β 为一个 0.874 ~ 0.955 之间的常数(Stokoe 等 1994)；$c_R(\text{high})$ 和 $c_R(\text{low})$ 分别为频散曲线上最高和最低频率对应的相速度，对于第一层和半空间之间的层位，由于不同波长的面波具有不同穿透深度，若相速度 $c_R(f_i)$ 对应的波长为 λ_i，则可利用其确定深度为 0.63 λ_i 处的层位的横波速度。

Xia 等通过数百个模型的测试证明，利用上述方法可以获得较好初始模型，确保反演结果收敛至真实模型。

4.1.2 计算实例

本节利用 LM 方法对实际面波频散曲线进行反演，图 4-1 为在内蒙古塔尔湖研究区采集到的实际面波资料，首先利用多道面波分析的方法得到它的基阶和高阶模式频散曲线，一组不同频率的面波可以有相同的传播速度，不同频率的面波对应相同的传播速度被认为是波的模式，某一频率下的最小传播速度被称为基阶模式速度(或一阶模式速度)。相邻的高于基阶模式的相速度被称为二阶模式速度，以此类推。所有高于基阶模式传播速度的面波模式统称为高阶模式。

根据经验，高精度运算时基阶模式面波相速度通常能得出相对误差小于15%的可靠 S 波速度解。然而，在基阶模式波相速度与高阶误差相联系的情况下(如基阶波信号与体波或高阶模式波相混杂时)，反演过程将会变得不稳定。众所周知，地球物理数据反演的不稳定性通常会导致一个很小的数据改变带来模型很大的波动。施加约束条件或在反演过程中引入额外独立数据将会降低这种不稳定性。高阶模式波相速度与基阶模式波速度是相互独立的，它们存在于某个特定的频率条件下。高阶模式波的产生与速度层的逆转相联系，当被限制在层内传播时，高阶模式面波对 S 波速度场的精细结构更加敏感。对高阶模式波加以利用的另一原因是，在某些状况下，高阶模式波在高频范围内比基阶模式波携带了更多的能量，这意味着在高频部分基阶模式波不可见，而高阶模式波是唯一的选择。

本例利用引入奇异值分解技术的 LM 反演方法对基阶高阶频散曲线联合反演，反演结果如图 4-2 所示。目前，引入奇异值分解技术的 LM 反演方法已集成在 Kansas Geological Survey 开发的 Surf Seis 软件中，使用较为便捷。

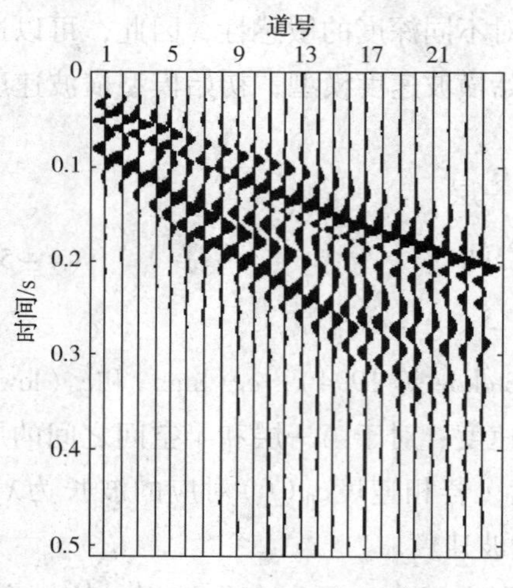

图 4-1 内蒙塔尔湖研究区某测点的单炮记录

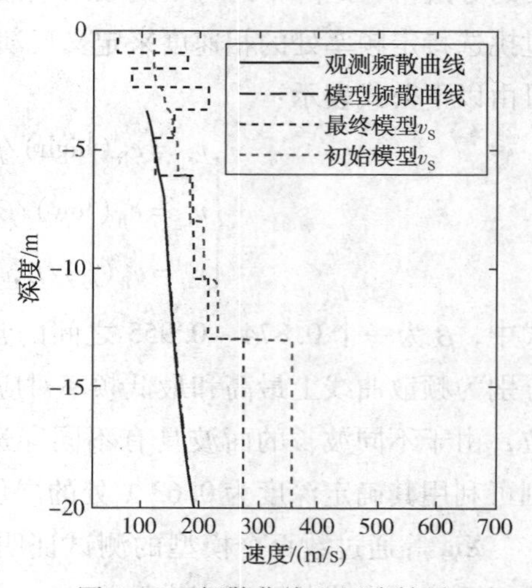

图 4-2 频散曲线和反演结果

4.2 遗传—阻尼最小二乘联合反演算法

面波频散曲线反演是一个多参数、多极值的非线性迭代优化过程，线性反演算法具有收敛速度快、计算稳定的优点，但是反演结果高度依赖初始模型，容易陷入局部极值；而非线性反演算法具有较好的全局寻优能力，但是在反演后期计算量巨大，会造成计算效率较低。将线性反演算法与非线性反演算法相结合，是近来发展的趋势，本节介绍 Lei 等提出的一种线性与非线性算法相结合的面波频散曲线反演方法，这种方法较好地结合了阻尼最小二乘法与遗传算法的优点，具有收敛速度快，全局寻优能力强，以及计算过程稳定的优点。

4.2.1 遗传算法原理

遗传算法(GA)是模拟达尔文生物进化论的自然选择和遗传学机理的生物进化过程的计算模型，是一种通过模拟自然进化过程搜索最优解的方法。遗传算法是从代表问题可能潜在的解集的一个种群开始的，而一个种群则由经过基因编码的一定数目的个体组成。每个个体实际上是染色体带有特征的实体。染色体作为遗传物质的主要载体，即多个基因的集合，其内部表现是某种基因组合，它决定了个体形状的外部表现。遗传算法具体包括参数编码、个体选择、交叉变异和生成新群体几个步骤，针对上述问题，本节将对经典 GA 参数编码、初始群体的生成和选择、交叉函数等多个环节进行改进，形成自适应 GA 算法，在保证算法收敛的同时，提高全局最优解的搜索能力及效率。

1. 参数编码

基于参数二进制编码链进行的选择、交叉和变异等运算很好地演绎了生物体在 DNA 片段水平上的遗传和进化过程，虽然便于理解、易于编程，但进行编码时对参数搜索范围的等间距划分本质上对反演结果的精度造成了一定的限制，当编码位数较高时，反演计算量及耗时会成幂指数倍增加，因此也可以采用十进制编码的方法。

在生成遗传算法的初始群体时，采用由海明距离控制的近似均匀分布产生的方式来控制个体间的差距，即：

$$d_{ij} = \frac{1}{2n}\sqrt{\sum_{k=1}^{2n}\frac{(m_{ik} - m_{jk})^2}{(X_{uk} - X_{dk})^2}} \quad (4-6)$$

式中，d_{ij}为个体 i 和个体 j 的差距；n 为地层模型的层数；m_{ik}、m_{jk}分别为随机产生的第 k 个反演参数；X_{uk}、X_{dk}分别为第 k 个参数理论值的上、下限。

群体中任意两个个体间差距均需大于最小海明距离(即 $d_{ij} > d_{min}$)，d_{min}一般取 $1/M$，M 表示群体规模。利用这种方式可以降低产生相似(即适应度接近)个体的可能性。

2. 个体选择

初代种群产生后，按照适者生存和优胜劣汰的原理，逐代演化产生出越来越好的近似解，在每一代，根据问题域中个体的适应度大小选择个体，综合考虑群体的平均适应度、突出优秀个体选择遗传优势，将适应度函数定义为：

$$f(P_j) = \frac{\Phi_{max} - \Phi(P_j)}{M(\Phi_{max} - \Phi_{mean})} \quad (4-7)$$

式中，M 为群体规模；Φ_{max}、Φ_{mean}分别为群体中个体拟合残差的最大值及平均值；$\Phi(P_j)$为个体 P_j的拟合残差。

3. 交叉和变异

在自然界生物进化过程中起核心作用的是生物遗传基因的重组(包含变异)。同样，遗传算法中起核心作用的是遗传操作的交叉算子。所谓交叉是指把两个父代个体的部分结构加以替换重组而生成新个体的操作。通过交叉，借助于自然遗传学的遗传算子进行组合交叉和变异，产生出代表新的解集的种群，遗传算法的搜索能力得以飞跃提高。交叉包括模型层间交叉与层参数算术交叉两种交叉策略。

1)层间交叉

实行层间交叉的目的是为了避免经典 GA 算法无法综合每个个体的优秀“基因片段”，因为出现局部极值的原因之一就是该模型中某层或某几层与真实地层比较接近，所以这些参数就需要被尽可能地保留并与其他个体模型参数进行组合。具体做法是产生一个小于模型层数 n 的整数 r，然后将随机选择的两个模型 n 层前后的参数进行交换，即：

$$\begin{cases} P_a = m_{a_1}, m_{a_2}, \cdots, m_{a_r}, m_{b_{r+1}}, \cdots, m_{b_n} \\ P_b = m_{b_1}, m_{b_2}, \cdots, m_{b_r}, m_{a_{r+1}}, \cdots, m_{a_n} \end{cases} \quad (4-8)$$

式中，P_a和 P_b为随机选择的两个模型；m 为模型每一层的参数；n 为模型的层数。

2)算术交叉

算术交叉是将随机选择的两个模型层参数以一定的比率 rd 进行重新分配，其算术交叉函数为：

$$\begin{cases} m_{a_i} = m_{a_i} \cdot rd + m_{b_i} \cdot (1 - rd), \ i = 1, 2, \cdots, n \\ m_{b_i} = m_{b_i} \cdot rd + m_{a_i} \cdot (1 - rd), \ i = 1, 2, \cdots, n \end{cases} \tag{4-9}$$

式中，m_a和m_b为随机选择的两个模型的层参数；rd为大于0且小于1的随机数；n为模型的层数。

遗传算法引入变异的目的有两个：①使遗传算法具有局部的随机搜索能力。当遗传算法通过交叉算子已接近最优解邻域时，利用变异算子的这种局部随机搜索能力可以加速向最优解收敛。显然，此种情况下的变异概率应取较小值，否则接近最优解的积木块会因变异而遭到破坏。②使遗传算法可维持群体多样性，以防止出现未成熟收敛现象。交叉算子因其全局搜索能力而作为主要算子，变异算子因其局部搜索能力而作为辅助算子。遗传算法通过交叉和变异这对相互配合又相互竞争的操作而使其具备兼顾全局和局部的均衡搜索能力。

变异通过变异算子实现，其基本内容是对群体中个体串的某些基因座上的基因值进行变动。一般需要首先设定变异概率，然后判断某个个体是否进行变异，在变异时对进行变异的个体随机选择变异位进行变异。

4.2.2 遗传—阻尼最小二乘联合反演

获得实测频散曲线后，首先进行遗传算法反演，在生成遗传算法的初始群体时，采用近似均布的方式控制个体的差异，避免随机生成法引起的群体不均匀和个体相似问题。由于遗传算法“交叉变异”的随机性，在每一步迭代生成的新群体中存在一定量的“非优势个体”，这会降低反演的效率，本小节拟从群体中选取优势个体，然后利用阻尼最小二乘法对在优势个体的基础上进一步反演。这样，优势个体能够向残差更小的方向快速收敛，直至达到局部极值，所有优势个体依次进行阻尼最小二乘反演后就组成了新的群体，然后再利用遗传算法对这一新群体进行“交叉”和“变异”，生成下一代遗传群体，再次，从新群体中选择优势个体进行阻尼最小二乘反演，不断重复上述嵌套式的反演步骤，得到最终的结果。联合反演流程如图4-3所示。

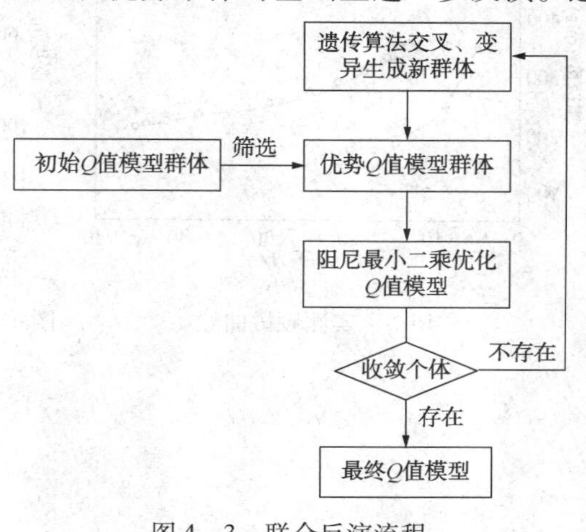

图4-3 联合反演流程

4.2.3 计算实例

本节介绍一个利用遗传—阻尼最小二乘联合反演的计算案例。研究区位于鄂尔多斯盆地南缘(图4-4)，近地表由较厚的黄土层覆盖，查明黄土层的内部结构及下伏基岩的界面深度对研究区地质灾害防治和矿产资源探测具有重要意义。

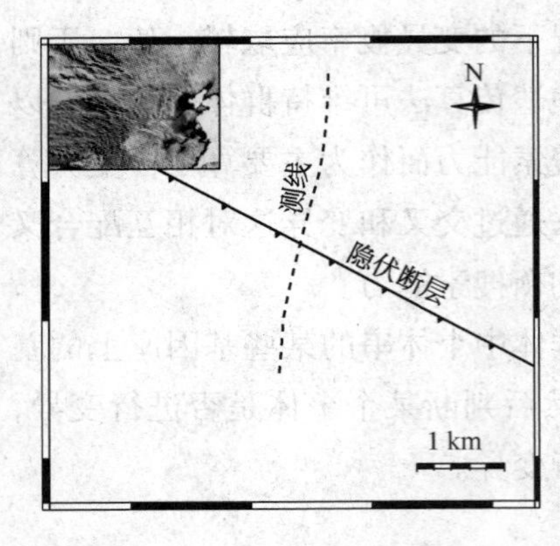

图4-4　工区测线示意图

研究区内分布一条北西—南东向隐伏断层，测线近南北向布设跨过断层，测线上布置检波器排列接收信号，每个检波器排列由24道组成，道间距4m，采样频率2000Hz，沿测线滚动采集共20炮记录，然后利用多道面波分析获得测线上每个共炮点道集的频散曲线，图4-5为第一个道集的处理结果，其中空心圆圈表示各频率处的基阶和高阶模式面波相速度。利用遗传—阻尼最小二乘联合算法对该频散曲线进行反演，可获得地下介质的横波速度结构(图4-6)。图4-6中的虚线表示反演初代模型群体筛选出的优势个体，折线表示最终反演得到的横波速度模型，该最终模型对应的频散曲线如图4-5中曲线所示。

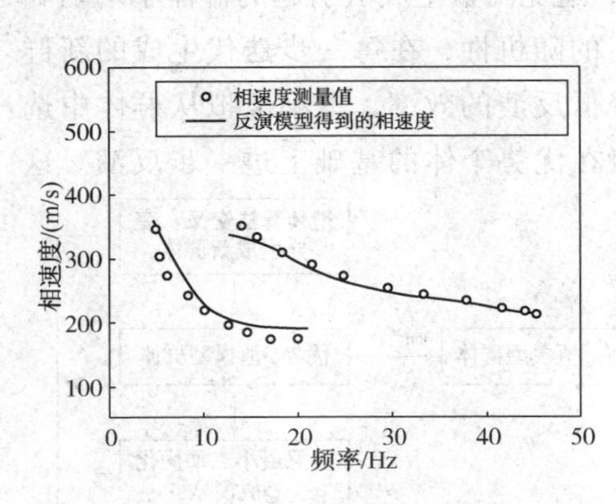

图4-5　实测频散曲线

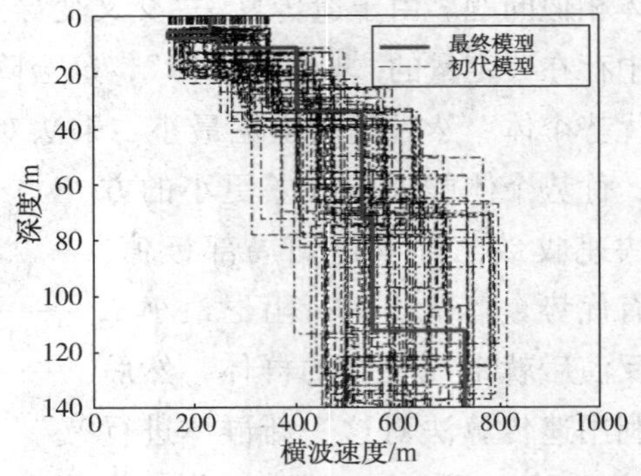

图4-6　遗传—阻尼最小二乘联合反演结果

第5章 面波成像的分辨率

在面波成像中，分辨率决定了反演结果对地层速度结构横向和纵向变化情况的分辨能力，Xia 等曾对多道面波分析方法成像的纵向分辨率和横向分辨率分别进行了研究，他们指出，实测数据中的误差将引入“涂片矩阵”，降低反演的横波速度的纵向分辨率，而横向分辨率主要受排列长度的控制，多道面波分析方法成像的结果是炮集覆盖地层的综合效应，对排列内部地层变化情况揭示不足。为了提高面波成像的横向分辨率，研究人员利用利用 $\tau - p$ 变换、$F - K$ 变换等方法对面波的各模式进行分离，然后采用相邻道计算频散曲线，消除了多道面波方法存在的平均效应的影响，提高了成像的横向分辨率。本章将利用不同的理论模型数据对面波成像的频散分辨率与横向分辨率影响因素进行分析。

5.1 频散能量分辨率

提取面波频散曲线通常需要将时间域信号变换到频率—速度域，在频率—速度域中，由于各种类型的波场具有不同的主频和传播速度，将会分离为不同的能量团。其中，面波将会表现为一个具有一定宽度的能量条带，在能量谱中占据主导，这是由于面波在波场中具有较强的能量，并且具有频散的特性。面波频散曲线的提取即通过识别能量条带的峰值连线来实现，在实际处理中，由于观测系统采集参数(道间距、偏移距、总排列长度、采样频率等)的差异，面波能量谱的宽度和能量强弱通常会有不同，本节对上述影响因素进行分析讨论。

5.1.1 排列长度的影响

面波的频散能量分辨率与排列的长度密切相关，本节通过几组理论模型的正演数据对其进行分析。理论模型与第 2 章 2.3 节中的模型一一致，观测系统的检波器道间距设为 1m，排列道数分别为 12 道、24 道和 48 道，观察频散能量分辨率随排列长度而变化。图 5－1 中左图为 12 道检波器接收的面波记录，此时排列长度为 12m，右图为利用 $F-K$ 变换法对其进行处理得到的频散能量图，图中黑色圆点表示该模型对应的理论相速度，频散能量谱显示面波的基阶与第一高阶模式混叠在一起，分辨率较低，利用该能量谱无法提取到准确的频散曲线。

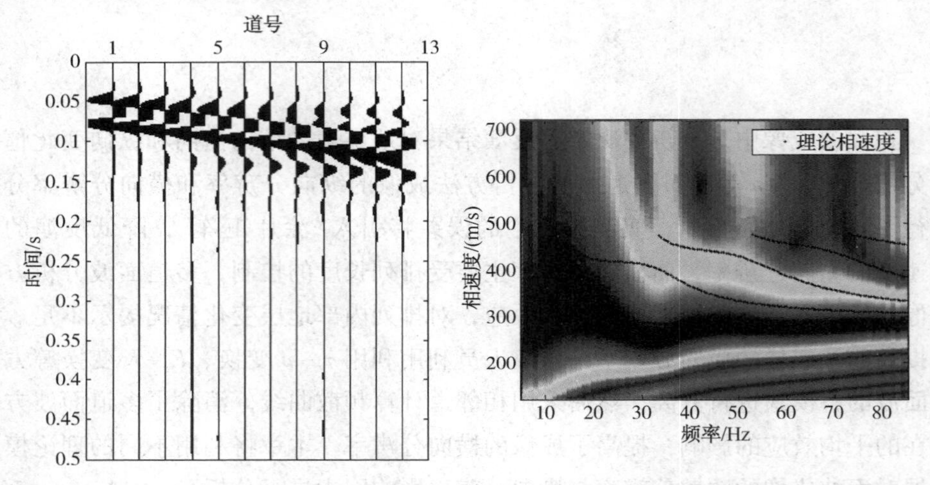

图 5－1　12 道数值模拟面波记录及其频散能量图

图 5－2 为检波器道数为 24 道时的炮集记录和利用 $F-K$ 变换得到的频散能量谱，此时排列长度变为 24m，可见，频散能量图的分辨率得到了提高，然而仅

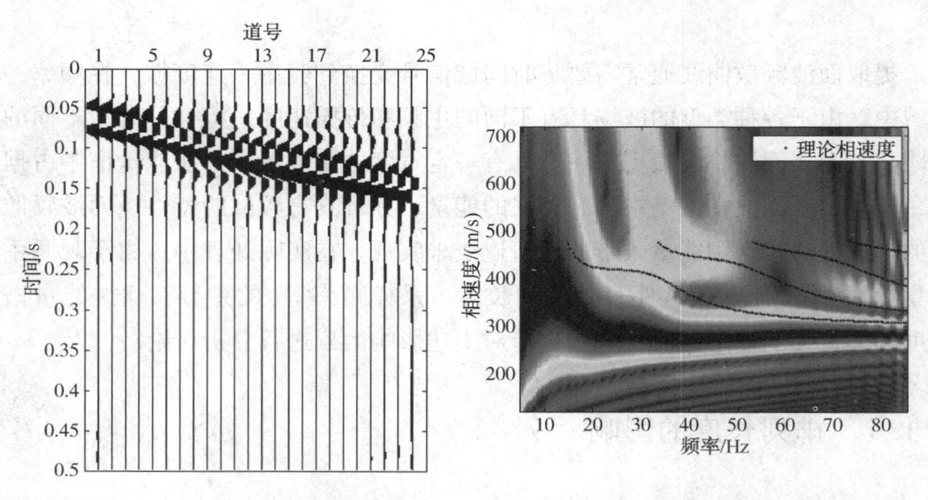

图 5－2　24 道数值模拟面波记录及其频散能量图

能提取出基阶模式的频散曲线，参照模型对应的理论相速度(黑色圆点)，可见，在55～80Hz 的高频段，面波的第一高阶与基阶频散能量仍然混叠在一起，无法分辨。

继续增大排列长度和采集道数，当检波器道数设为48 道时(图5－3)，排列长度变为48m，频散能量图的分辨率得到了提高，面波的基阶与第一高阶模式的频散能量得到了较好的分离，频散能量峰值连续区域与模型对应的理论相速度一致。

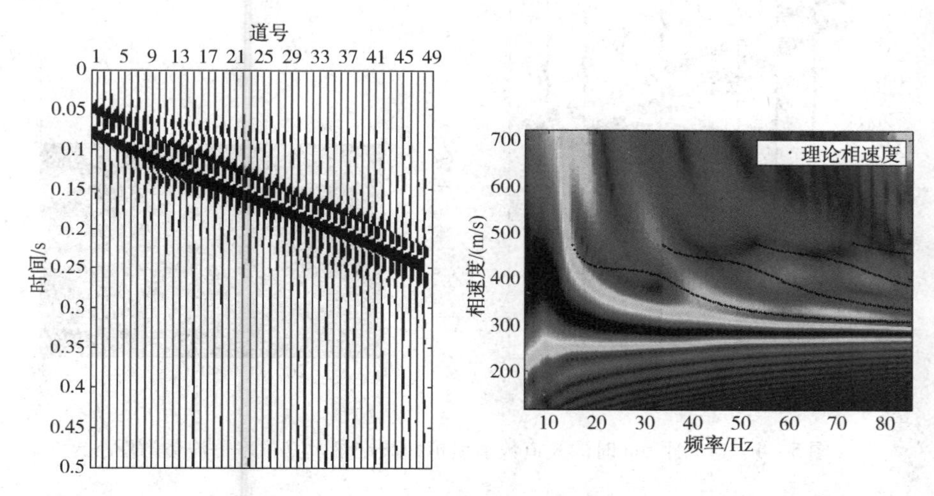

图5－3　48 道数值模拟面波记录及其频散能量图

上述3 组对比案例分别采用了12、24、48 道排列长度对模型一数值模拟的波场数据进行采集，在采集过程中，道间距保持为1m 固定不变，$F-K$ 变换法对波场记录的处理结果表明，随着排列长度的增大，面波频散能量的分辨率将逐渐提高，不同模式频散能量团更易分离，特别是对于高阶模式频散能量，在排列长度较短时，几乎无法识别，当排列长度增加后，高阶模式能量逐渐清晰，同时，基阶模式能量谱的宽度收窄，有利于频散曲线的提取。

5.1.2　道间距影响

将模型观测系统的排列长度设为48m 并保持不变，分析不同道间距对频散分辨率的影响。在实际计算中需要注意的是，利用 $F-K$ 变换法进行计算时，波数域的最大值由道间距的倒数确定，因此，当道间距较大时，计算的结果接近两坐标轴的三角形区域时会缺失数据，例如当道间距为6m 时，波数域能够计算的最大值为 0.1667，这样数据的 $F-K$ 谱会缺失波数大于 0.1667 的面波信息(图 5－4)，插值投影到 $f-v$ 域后就会缺失高频部分的信息(图 5－5)。因此，本节利用相移法计算面波的频散能量图，分析道间距对频散分辨率的影响。

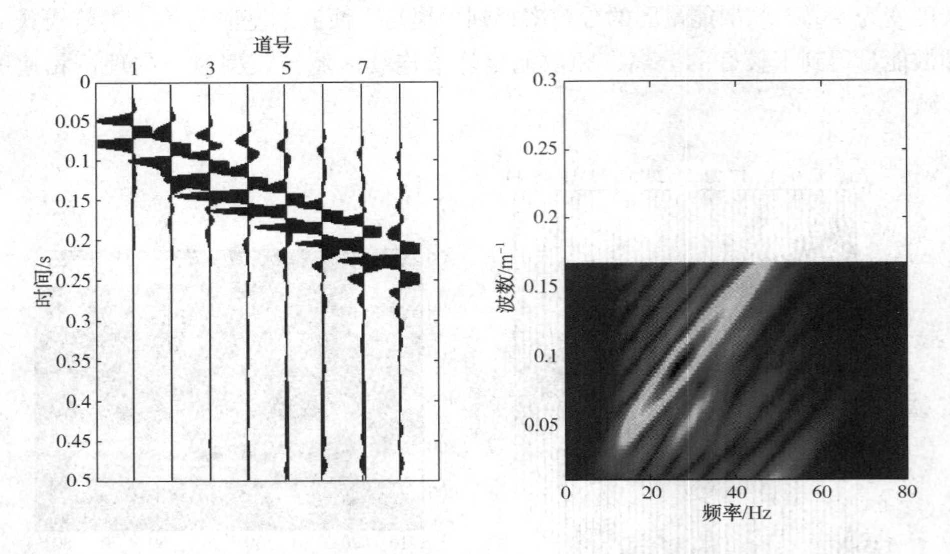

图 5－4　道间距 6m 时的 8 道数值模拟面波记录及其频率—波数谱图

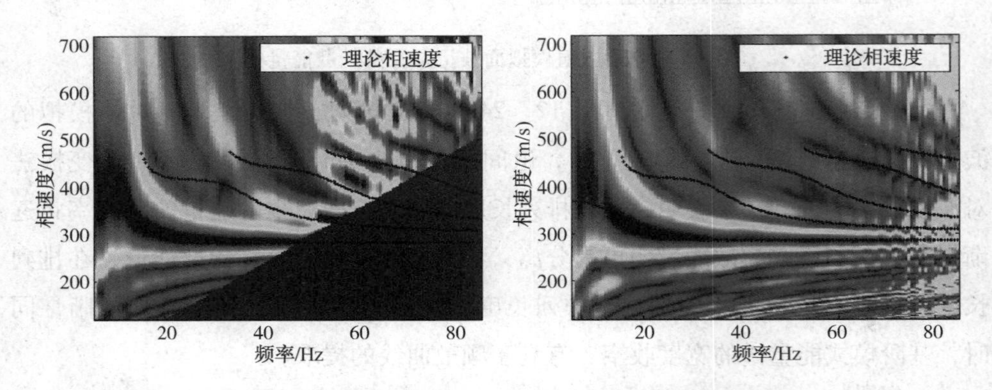

图 5－5　$F-K$ 变换法和相移法分别计算的频散能量谱图

图 5－6 和图 5－7 分别为道间距分别 4m 和 2m 时的炮集记录及利用相移法生成的频散能量谱，由图中可以看出，频散能量图的基阶模式频散能量峰值连续且集中，并没有出现能量带变宽的现象，高阶模式也未发生混叠。因此可以得出结论，在排列长度固定的情况下，频散能量图的分辨率受道间距的影响较小。

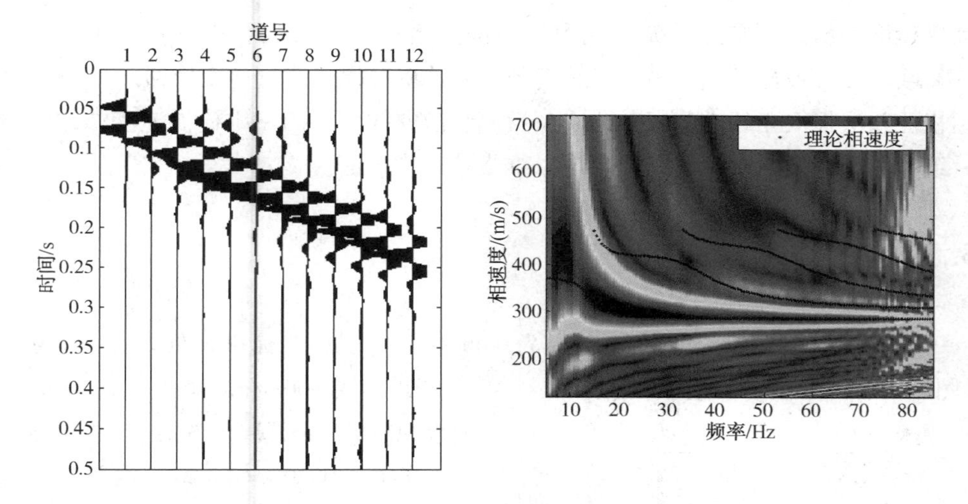

图 5－6　道间距 4m 的道集记录及其频散能量谱图

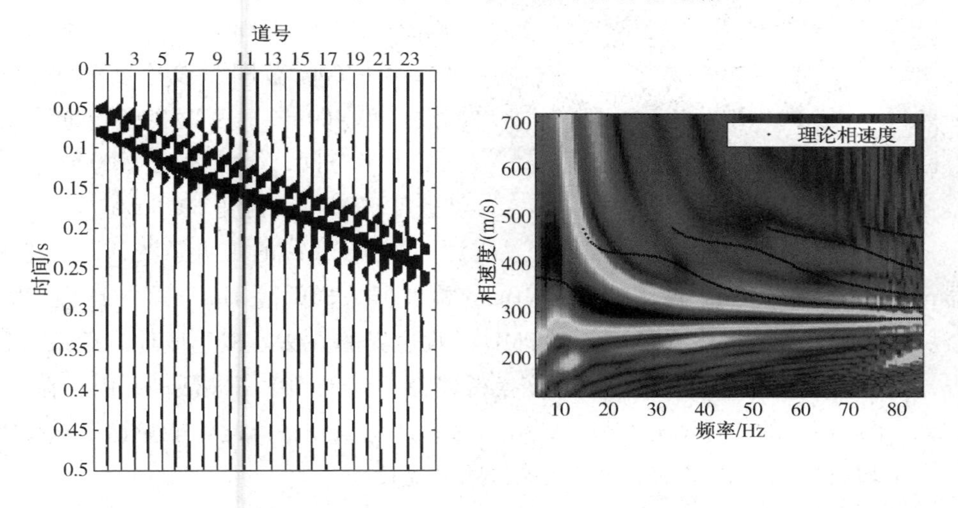

图 5－7　道间距 2m 的道集记录及其频散能量谱图

5.2　横向分辨率

研究人员已经指出，面波成像通过频散曲线的反演获得横波速度结构，因此，成像的横向分辨率取决于计算频散曲线所使用的排列长度，并与排列长度成反比。当排列长度增大时，横向分辨率降低，为了提高成像的横向分辨率需要缩短排列长度，然而上一节的分析表明，当排列长度减小时，频散分辨率会降低，为频散曲线的提取带来较大误差，甚至无法提取高阶频散曲线。在保证频散曲线计算精度的前提下，为了提高成像的横向分辨率，本研究利用 $F-K$ 变换法在 $f-v$ 域对面波进行模式分离，然后将分离后的单一模式能量逆变换回 $x-t$ 域，利用相位差法提取相邻道的频散曲线，反演频散曲线下方的一维横波速度结构，最后组合各条频散曲线反演结果生成二维横波速度剖面。

5.2.1 面波模式分离

设置一个断层模型，模型长×宽为60m×40m，在横坐标40m处设置一个断层（图5－8），断距5m，模型参数如下：第一层纵波速度800m/s，横波速度200m/s，密度2000kg/m^3，厚度5m；第二层厚度5m，在横坐标0～40m范围内与第一层相同，纵波速度800m/s，横波速度200m/s，密度2000kg/m^3；第二层在横坐标40～60m范围纵波速度1200m/s，横波速度400m/s，密度2000kg/m^3；第三层为半空间，纵波速度1200m/s，横波速度400m/s，密度2000kg/m^3。

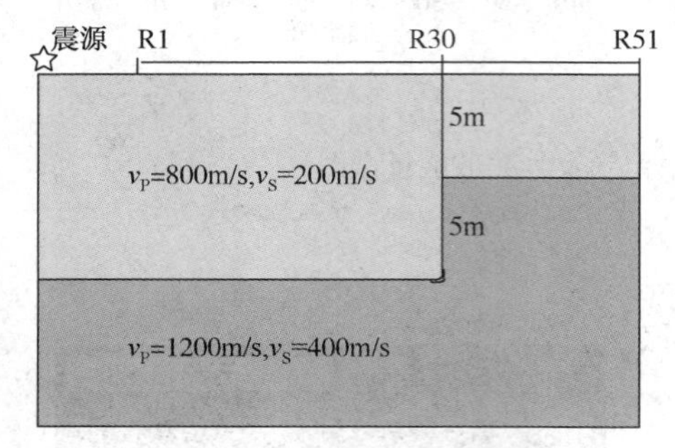

图5－8　断层模型示意图

设置炮点位于模型横坐标0m处，震源为主频25Hz的雷克子波，设置检波器51道，道间距1m，最小偏移距10m，检波器采样间隔1ms，采样点数1024个。利用高阶交错网格有限差分和PML吸收边界的方法模拟生成地震记录。首先，对炮集记录（图5－9）做 $F-K$ 变换得到 $f-k$ 域的频率—波数谱，由于在 $f-k$ 域，不同模式的能量团分布较近，分离时易产生误差，因此将能量谱继续变换至 $f-v$ 域（图5－9），可见不同模式能量团分离较好。

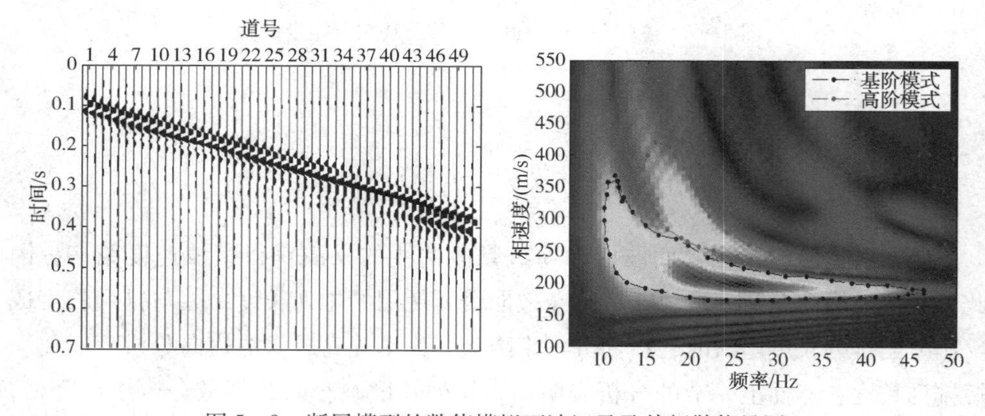

图5－9　断层模型的数值模拟面波记录及其频散能量图

编写交互式程序利用鼠标将图中基阶和高阶能量区域分别圈出，然后对圈出的不同模式能量依次进行 $F-K$ 逆变换，就得到了仅包含单一模式的面波记录。图 5－10 为仅包含基阶模式的面波记录和频率—波数谱，与原始记录对比，记录中呈现出明显的基阶面波波形，高阶模式的波形受到了压制，图 5－11 为仅包含高阶模式的面波记录，与原始记录对比，基阶模式的波形受到了压制。

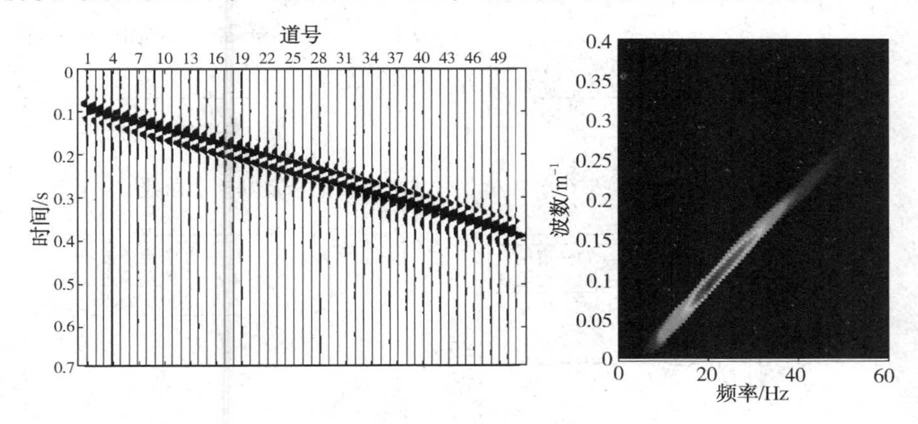

图 5－10　断层模型的基阶模式面波记录和频率—波数谱图

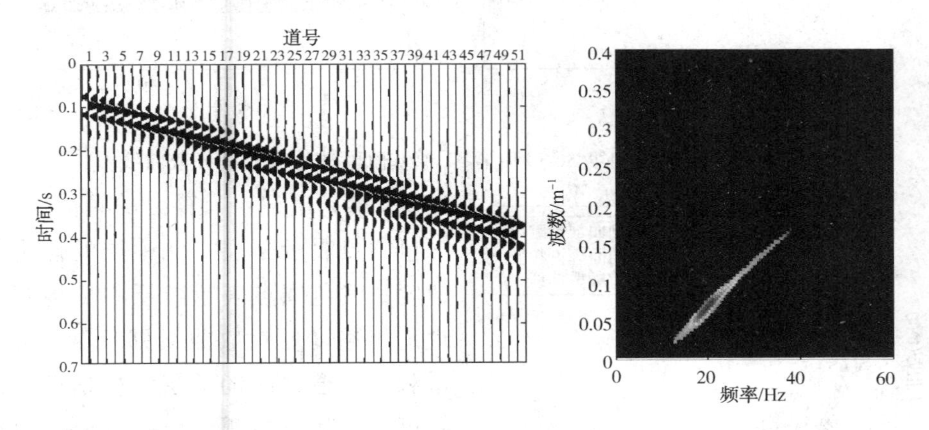

图 5－11　断层模型的第一高阶模式面波记录和频率—波数谱图

5.2.2　相邻检波器频散

获得仅含基阶模式的面波记录后，就可以利用 SASW 方法计算两个相邻检波器的频散曲线。图 5－12(左图)为分离的基阶面波记录的第 1 道和第 2 道数据波形，计算它们之间的相位差，利用第 2 章提到的面波谱分析法可以计算各频点的相速度值，并拟合生成频散曲线(图 5－12 右图)。图中黑色空心圆圈表示第

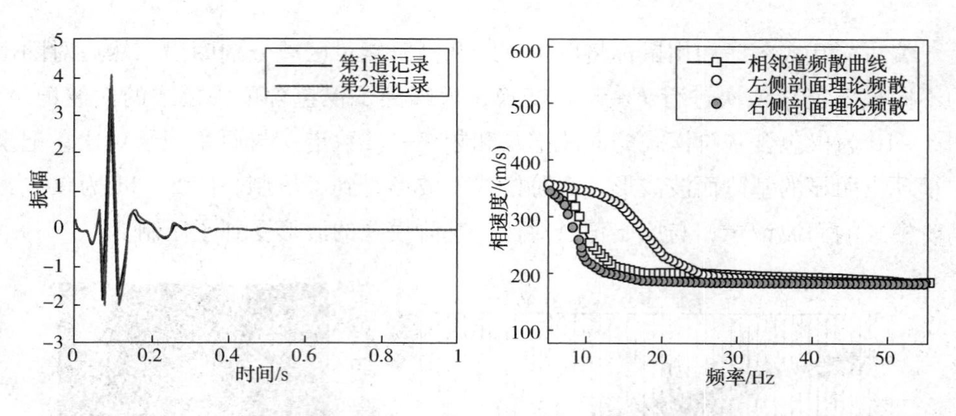

图 5－12　断层模型第 1 和第 2 道基阶面波记录及其频散曲线

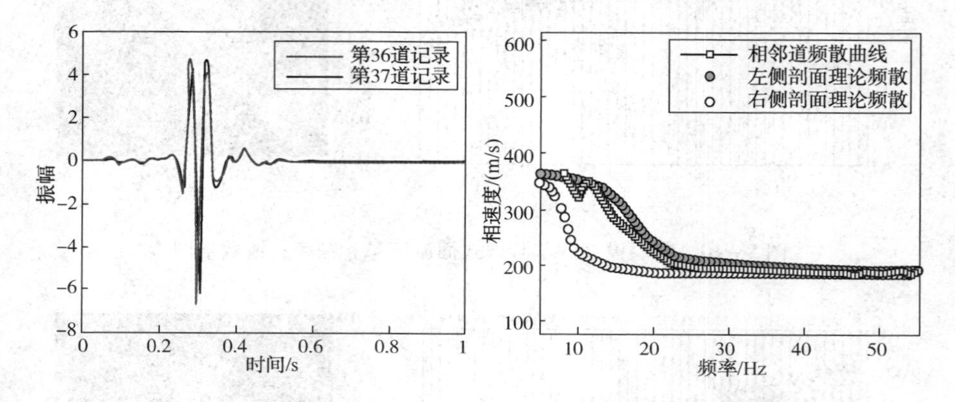

图 5－13　断层模型第 36 道和第 37 道基阶面波记录及其频散曲线

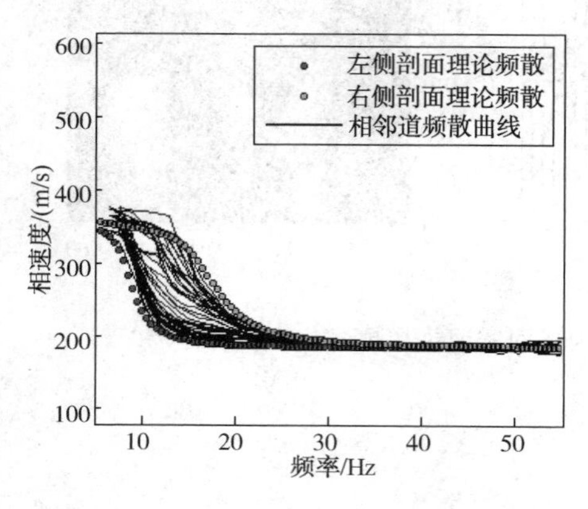

图 5－14　断层模型所有相邻检波器之间的频散曲线

1 道和第 2 道记录计算出的频散曲线，深色圆点表示断层左侧地层的理论相速度，浅色圆点表示断层右侧地层的理论相速度。频散曲线即反映了第 1 道和第 2 道之间的地层结构信息，由图可见，其与左侧地层的理论频散曲线基本吻合。图5－13 为分离的基阶面波记录第 36 道和第 37 道数据波形及计算得到的频散曲线，这两道检波器位于断层模型右侧，计算结果与右侧地层的理论频散曲线基本吻合。

需要注意的是，在图 5－12 和图 5－13 中计算得到的频散曲线的低频段，计算值与理论频散曲线之间有一定的误差，这是模式分离产生的误差以及谱分析法计算相位产生的误差造成的。所有相邻道计算的频散曲线如图 5－14 所示，图中深色圆点表示断层左侧地层的理论相速度，浅色圆点表示断层右侧地层的理论相速度，可见所有计算结果几乎完全分布在两条理论频散曲线的速度范围内，与模型的实际情况相符。

5.2.3 反演成像

得到所有相邻道的频散曲线后，利用引入奇异值分解的 Levenberg – Marquardt 方法逐条进行反演，即可得到表示每组相邻道中点位置下方地层的一维横波结构，组合所有一维横波速度结构，就生成了模型的二维横波速度剖面（图5 – 15），由剖面图中可见，断层位于第 30 道检波器位置附近，并且 5m 和 10m 深度处的地层界面也得到了较好的反映，成像结果与理论模型吻合较好。

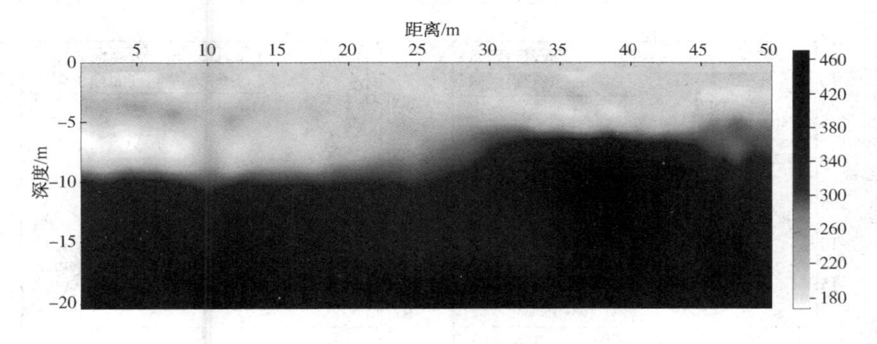

图 5 – 15　二维横波速度剖面

由上述理论模型实例可见，经过模式分离后，可以重建单一模式的面波记录，对重建记录的相邻检波器之间的频散曲线进行提取，并反演建立横波速度剖面，能够极大地提高面波成像的横向分辨率。在对面波进行模式分离之前，原始记录中面波的基阶和高阶模式是混叠在一起的，甚至包含直达波、多次波等体波干扰，若不进行模式分离而直接利用谱分析方法计算相邻道频散曲线，在计算相位差 $\Delta\varphi$ 时会产生很大误差，无法得到正确的频散曲线，图 5 – 16 为利用未经模式分离的面波记录的第 1 道和第 2 道波形以及计算得到的频散曲线，图中黑色空心圆圈表示第 1 道和第 2 道记录计算出的频散曲线，深色圆点表示断层左侧地层的理论相速度，与图 5 – 12 利用分离后的面波记录计算的频散曲线相比，其相速度有较大的扰动。图5 – 17 为利用未经模式分离的面波记录的第 36 道和第 37 道波形及计算得到的频散曲线，与图 5 – 13 利用分离后的面波记录计算的频散曲线相比，其相速度有较大的扰动。未经模式分离计算的相邻道的频散曲线的趋势与理论值较为接近，但是由于多模式面波及体波等干扰的存在，计算的相速度相对理论值有较大扰动，当对实际数据进行处理时，这种扰动会更剧烈，甚至使频散曲线的趋势与真实值发生偏离。

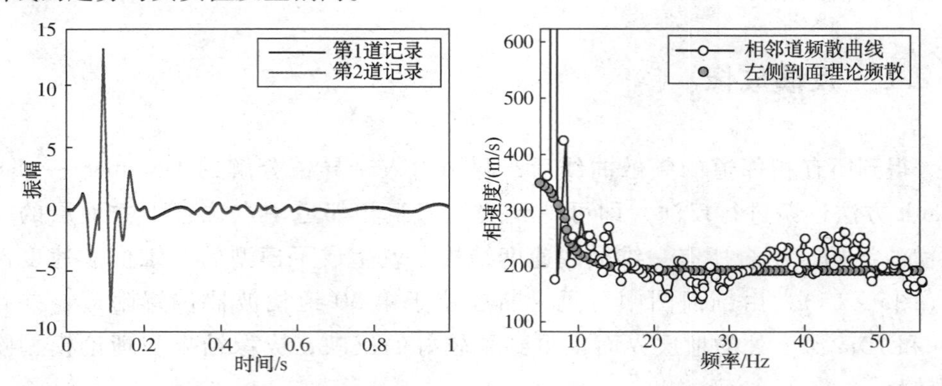

图 5－16　未经模式分离的断层模型第 1 道和第 2 道记录及其频散曲线

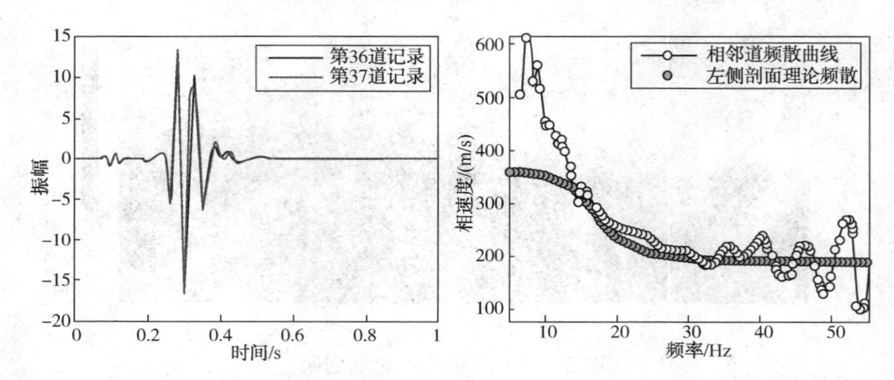

图 5－17　未经模式分离的断层模型第 36 道和第 37 道记录及其频散曲线

5.3　应用实例

本节展示一实际数据处理和成像的案例，利用模式分离的方法对数据进行处理，以提高横向分辨率。数据采集自内蒙古河套平原某研究区，震源由一重锤垂向敲击铁板激发，设置 24 道检波器接收，道间距 1m，采样间隔 0.5ms，采样长度 0.5s。图5－18 为该实际炮集记录和频散能量谱图，图中黑色点划线所包区域为面波的基阶模式能量团，可见其能量明显强于其他类型波场，并呈现出速度随频率变化的特征。

对频散能量谱的基阶模式能量分离，并对分离后的数据做傅里叶逆变换，这样就得到了这一炮集的仅含基阶模式的面波记录(图 5－19)。利用 SASW 方法计

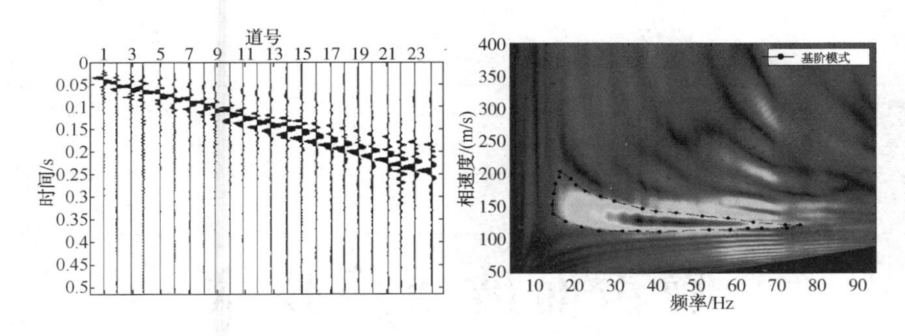

图 5－18　某研究区实测数据及其频散能量图

算记录中每一对相邻道之间的频散曲线(图 5－20)，由图 5－20 可见，频散曲线趋势基本一致，相速度范围在研究区地层速度范围内。

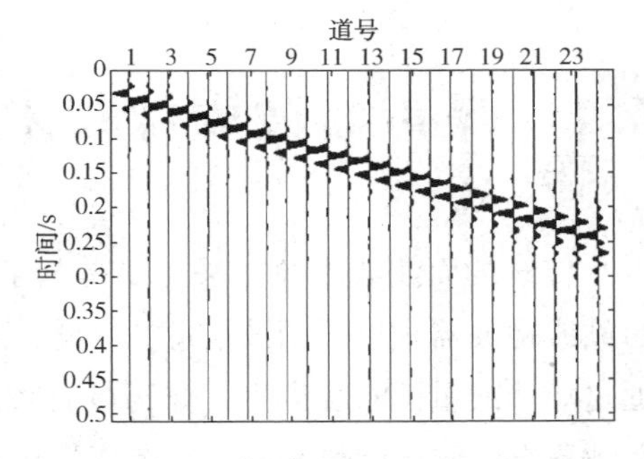

图 5－19　实测数据的基阶模式面波记录

对通过相邻道数据算得的频散曲线逐条进行反演，就获得了一组一维横波速度结构，每个结果反映的都是两个相邻检波器下方的地层结构，相比利用多道面波频散数据直接进行处理的方法，显著提高了面波对地下结构探测的横向分辨率，联合所有频散曲线的反演结果就得到了炮集下方的二维横波速度剖面(图 5－20)，由剖面图可见，在近地表 0～2m 深度内，横波速度主要为 100～160m/s，根据波速和实际研究区的探槽剖面可知，该深度范围内地层主要由淤泥质土和松散砂土等构成；在 2～7m 深度，横波速度主要为 150～250m/s，地层主要为由稍密的砾、粗、中砂构成的沉积层；在 7m 深度之下，横波速度大于 250m/s，地层为由中密、稍密的碎石土构成的较坚硬沉积层，下方出现较明显的高速异常体，并在横向上有一定延续，横波速度可达 400m/s，推测为砾石沉积层。在横坐标 2～8m 的下方 6m 深处，下伏地层的速度增大，推测该处可能存在一小型隆起。

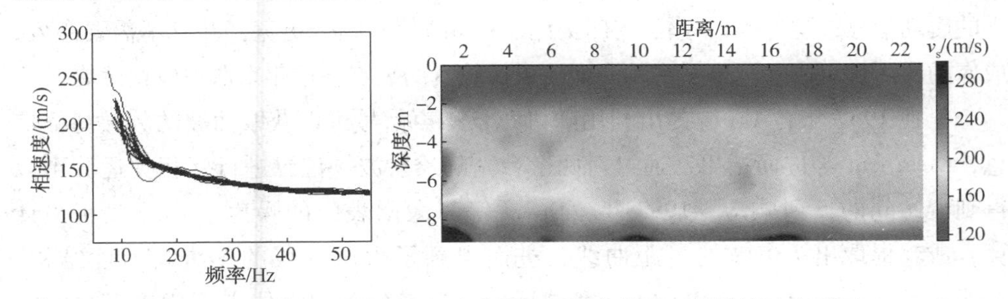

图 5－20　研究区所有相邻检波器的频散曲线及二维横波速度剖面

第6章 噪声面波成像技术

6.1 噪声面波成像技术概况

传统的面波波成像方法主要是基于主动震源(人工源或天然地震)，通过地震台站或检波器来接收面波信息，因此，成像结果受到了震源的限制，通常人工震源通过炸药或重锤激发产生，炸药具有较强的破坏性，在人口密集的地区无法应用，重锤激发的震源能量有限，主要集中在几到几十赫兹的频带范围，对较深部信息分辨率揭示不足。天然地震的能量较强，但其具体的发震位置与发震时间不易预测，仅能通过固定台站进行被动观测，并且数据采集的效率也受限于天然地震发生的频率，灵活性较差。天然地震往往分布在板块碰撞或拉张的地区，如俯冲带、造山带、大洋中脊等构造带附近，对于部分观测区域而言仅能获得较小方位角范围内的震源信号，因此在成像时无法获得研究区的地层结构的各向异性特征，这些因素都限制了主动源面波成像方法的应用效果。而噪声源面波信号进行成像却在一定程度上克服了上述限制，噪声源面波信号主要来自人类活动(如城市车流、机械振动、大型工程施工等)和地球自身(如洋流与海岸的作用、大气与固体地球的作用等)产生的震动信号，这一类信号较人工激发的主动源信号频带更宽，并且不需要激发，成像的灵活性更高，弥补了主动源面波成像技术的缺点，近年来取得较快发展。

早在1957年，Aki曾提出利用随机背景噪声信号可以获取面波的频散特征信息，Clearbout等进而指出，通过对两个台站的透射波场记录进行互相关运算可以得到台站间的反射响应。1993年，Duval等对太阳表面的噪声场进行互相关计算，成功提取出了声波的时距曲线，进而得到了太阳外层的三维流速度结构。Weaver和Lobkis发现了由于电子撞击晶格和空气分子与物体表面碰撞引起的热起伏噪声现象，并指出这些噪声被两个传感器接收并进行互相关计算后，可以得到两点间的经验格林函数。

2003 年，Campillo 与 Paul 对不同台站的地震尾波记录进行互相关计算，并对互相关结果进行叠加，获得了台站间的经验格林函数。2005 年，Shapiro 等对多日连续记录的背景噪声数据进行互相关运算，提取出了台站间的经验格林函数，并计算得到了 Rayleigh 面波的相速度频散曲线，从此掀起了背景噪声研究的热潮。2005 年，Shapiro 等应用该噪声层析成像的方法，对美国 USArray 台站一个月的背景噪声数据进行互相关运算，得到了美国加州南部地区 7.5s 和 15s 的 Rayleigh 面波相速度分布图像。这种方法随后被广泛用于世界各地的地球内部结构反演研究中，Lin 等利用时长一年的背景噪声数据进行互相关运算，通过相位匹配滤波提取了新西兰地区 7～25s 的瑞雷面波相速度图像。2007 年，Bensen 等对背景噪声层析成像方法的技术流程进行了总结，探讨了从背景噪声互相关结果中提取经验格林函数的方法，并利用 FTAN 的方法计算出了 Rayleigh 面波的相速度频散曲线。此后，相继有学者利用背景噪声的方法对全球各个地区的大陆岩石圈结构进行成像，如南非、日本、美国西部、美国大陆、澳大利亚、中国华北、中国新疆、中国东北及汶川地区等。

噪声方法的原理为，在完全随机的波场中，对两点间的波形记录做互相关计算，从而得到介质间包含反射、散射和传播模式的格林函数。许多研究人员通过实验，发展了很多数值方法和理论方法来证明这一结论，如模式均分理论，时间反对称理论，稳相近似理论，互相关类型的表示定理，从而解释互相关函数与格林函数之间的关系。格林函数包含了反应台站对之间介质的面波和体波信息，研究人员可以利用其开展近地表结构探测、地壳地幔层析成像、岩石圈各向异性等方面的研究。

6.1.1 岩石圈噪声面波成像

目前，绝大多数噪声干涉得到的信号都是 5～100s 的面波格林函数，利用这些面波格林函数，结合传统的面波层析成像技术，可以对地壳和上地幔的速度结构进行研究，相关的研究往往被称为背景噪声层析成像。相对于传统的面波层析成像，基于背景噪声的层析成像有较多优点。首先，背景噪声层析成像克服了传统面波层析成像对地震事件的依赖，理论上任意两个台站之间都可以得到面波格林函数。这使我们可以在一些地震活动性较低的区域内进行层析成像研究，同时，射线路径覆盖也较传统面波层析成像好。其次，两个台站的位置都是已知的，可以消除由于地震定位差异而可能造成的走时误差。第三，利用背景噪声可以得到周期较短（小于 20s）的面波信号，因此更易获得高精度的层析图像。同时，噪声格林函数中的面波信号相对简单，干扰信号少，更易进行精确的频散曲线测量。

目前关于噪声成像的研究主要集中在应用垂直分量信号的瑞雷波成像研究中，但 Lin 等(2008) 对北美西部的研究表明，将水平分量的噪声互相关旋转到台站对切向方向，可以获得清晰的勒夫波信号，在 10 ~ 20s 周期内应用勒夫波进行噪声成像的信噪比甚至高于瑞雷波。其他研究人员也利用勒夫波噪声层析成像对欧洲、北美中西部和中国华北等地区的岩石圈结构进行了研究。

面波各向异性分两种情况，第一种是径向各向异性，即瑞雷波和勒夫波计划方向不同而产生的波速差异；第二种是方位各向异性，是面波群速度或相速度与传播路径方向有关的各向异性。以往的面波各向异性研究主要利用天然地震，对于周期 20s 以下的短周期部分约束不足。而利用背景噪声资料的面波各向异性研究，可以对浅部地壳有很好的约束，在台站分布密集的地区可以获得浅层高分辨率的各向异性结构。

在岩石圈结构各向异性研究方面，Moschetti 等(2010)通过测量有背景噪声互相关提取的瑞雷波和勒夫波的频散差异研究了美国西部的径向各向异性，发现新生代经历显著伸展构造地区的中下地壳存在强烈的径向各向异性，这表明伸展构造导致的地壳矿物的晶格定向排列是径向各向异性的主要原因。Huang 等(2010)研究了西藏东南部和川西地区的径向各向异性，并建立了该区地壳低速带和径向各向异性分布的空间关系。Xie 等(2013)进一步利用广泛分布在青藏高原东部和扬子克拉通西部的 262 个台站研究了该区的径向各向异性。多位研究人员在挪威(Kohler 等，2012)和中国的藏南(Guo 等，2012)、大别造山带(Luo 等，2013)、华北克拉通(Cheng 等，2013)等地区也进行了基于背景噪声的面波径向各向异性研究。

在方位各向异性方面，Yao 等(2010)用中国西南部的 77 个宽频带地震台的背景噪声和天然地震同时反演了深度约为 150km 的岩石圈速度和方位各向异性，结果表明，上地壳方位各向异性表现为沿东喜马拉雅构造阶的旋转，快波方向与大型走滑断层平行。鲁来玉等(2014)利用喜马拉雅一期布设在云南及周边的 300 多个地震台战噪声记录反映了该区的面波群速度和方位各向异性分布。Lin 等(2010)根据噪声和地震面波资料研究了北美西部的地壳上地幔方位各向异性。Fry 等(2010，2014)利用垂直分量的背景噪声数据分别研究了欧洲阿尔卑斯地区和新西兰地区的瑞雷波相速度方位各向异性。

6.1.2 近地表噪声面波成像

在近地表结构成像方面，噪声方法曾成功应用于煤矿采区的勘探，通过成像能够确定陷落柱低速异常区，也能够探测村庄覆盖区的煤层构造，实际应用效果较好。目前，在近地表噪声面波成像中，以空间自相关法较为常用。空间自相关法首先假定噪声在时空上符合平稳随机过程，其次，假定噪声所包含的各种成分的波中面波的基阶模式占优势。用该法处理数据时，首先将实测记录分成若干个数据段，剔除干扰明显的数据段，将各个数据段通过中心频率不同的窄带滤波器，分别提取各个频率的成分，对各个频率成分分别计算中心测点与圆周上各个测点之间的空间自相关系数并进行方向平均，再由其与第一类零阶贝塞尔函数的对应关系求出相速度，最后拟合出频散曲线，并反演横波速度结构，达到对地下结构进行探测的目的。

1996 年，Matsuoka 等在日本通过测井曲线和折射波对 2 ~ 3m 直至 3000m 左右的速度结构进行了勘探，从而验证了空间自相关法的可靠性。他们利用了有 4 个观测位置的三角圆形阵列进行采观测，通过噪声勘探获取的数据与测井曲线及相关资料进行了对比，结果表明一致性很好。从此实验中可知，台阵半径为 3m 时，其探测深度可以满足地下 50m 的要求。此外，实验中还获得了 2000m 左右深度的相速度资料，其对应的台阵半径为 120m，是深度的 1/15。1995 年日本发生了神户大地震，为了解神户地区的地下构造以便查明市区里不同破坏程度的原因，Okada 等联合噪声勘探方法和其他地探手段，对地下 1000m 范围内的地层进行了估算。研究中采用圆形阵列，半径分别采用 500m、300m、30m 3 种尺寸。结果表明，软弱表层的深度变化是造成地震中破坏程度不同的原因。Chavez 等通过对墨西哥一些地区的综合性研究，获取了地震细部区域化相关研究成果。他们采用不同方法探测地下横波的速度结构，结果显示，面对复杂地层情况时，噪声水平垂直普比法因其只有一个测点而导致结果并不可靠，而空间自相关法与折射噪声法的结果一致性好，获得了相速度的频散曲线，通过其反演的表层横波速度获得了对应地层的传递函数，此函数跟实际地震响应有着很好的一致性。

Cho 等(2008)通过对各种因子对空间自相关系数误差影响以及空间自相关法可行性的深入研究，为该方法的优点得以充分发挥提供了积极的理论基础，并提供了很好的展示了理论和实验结果一致性实例。在研究场地地震响应时，成功应用空间自相关法的例子很多。2004 年，Apostolidis 等对地下 320m 横波速度结构的研究即采用了此方法，其研究结果与测井资料比对有很好的一致性。这表明，基于空间自相关法的噪声勘探技术凭借其精确性可获得横波速度结构，从而满足勘探深度的能力，已经在地震划分及响应评测的应用中成为很有价值和吸引力的方法。在法国 Grenoble 盆地地震响应研究工作中，Bettig 等(2001)也利用了空间自相关法勘测地下结构。在 1999 年土耳其 Kocaeli 地震中，Kudo 等应用此方法对被地震破坏严重的地区进行了调查，研究了其地层结构，结果表明，在城区勘查工作中应用此方法是可行的。1999 年，欧洲研究人员在其用于地震研究的实验场地(即意大利 Thessaloniki 地区)进行了应用空间自相关法的阵列观测。

目前，国内研究人员也针对噪声勘探技术进行了大量研究工作。1986 年，王振东在国内最早开始了针对噪声的研究。2003 年，冯少孔进行了空间自相关法的实验并将结果与测井资料进行了对比，通过分析实验数据，研究了将其应用在土木工程领域的可行性。从实验得到的结果可知，尽管空间自相关法分辨率不高，但是当遇到地层比较厚的情况，它能比较精确地计算地层厚度与横波速度。通过与测井方法比较，该方法在施工、成本、耗时方面优势明显，对环境不会造成影响，尤其适合应用在城市勘探工作中，通过其与钻孔联合使用，借助少量钻孔，可以比较准确地获取地下三维速度结构模型。2007 年，何正勤等针对空间自相关法，结合野外实际观测对采集设备、野外观测及数据的处理进行了研究，并给出了实际探测的两个例子。利用该方法来对壳浅部 1 ~ 2km 深度范围的浅层横波速度结构进行推测，通过与钻探结果的对比，表明了该方法有效、可靠地适用于确定物性差异大的地层界面。此后，他们总结了空间自相关法的优点(应用范围广泛、经济快捷等)，并对该方法的应用前景给予高度评价。廖成旺等(2009)结合 GPS 定位技术研究了噪声台阵定位，研究结果提高了定位的精度。2010 年，徐佩芬等将空间自相关法应用于煤矿陷落柱的探测，探测效果很好(图 6 - 1)，其研究结果说明，在存在陷落柱的地区，空间自相关法反应敏感，可以取得了很好的研究成果。

噪声成像方法也有其局限性，在岩石圈结构研究中，利用噪声干涉提取高信噪比的长周期面波需要较大台间距和长时间数据叠加。虽然 Nishida 等(2009)指出，利用噪声干涉可以对 100 ~ 400s 的面波信号进行全球范围内的面波成像，但类似研究并不多，噪声成像主要集中于对地壳和上地幔速度结构的探测。Baig 等提出用 S 变换的方式，提高干涉信号的信噪比，以获取有效长周期面波信号。然而如何有效获取和利用噪声干涉中的长周期面波信号，是值得深入研究的重要问题。在近地表结构探测中，噪声来源是需要注意的问题，由于浅层成像所需的噪声面波信号通常在大于 4Hz 的频率范围内，这一类信号衰减较快，通常在城市或工业区及较繁忙的道路周边进行噪声数据采集时可行。当距离噪声源较远时，则难以通过互相关叠加恢复出面波记录。

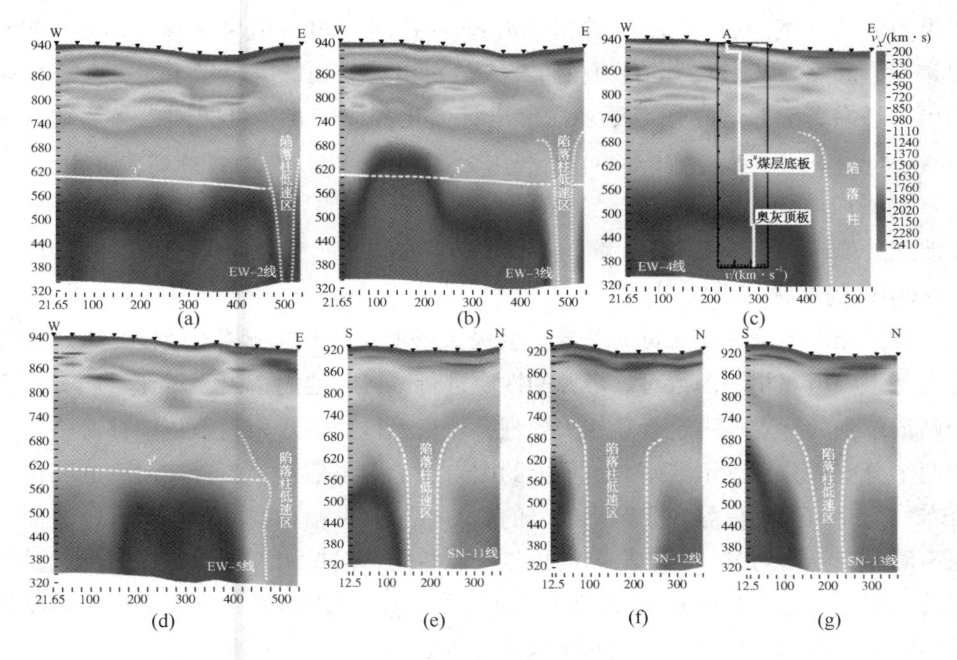

图 6－1　噪声面波成像得到的某矿区 S 波速度剖面

6.1.3　噪声信号源

噪声成像的重要优势是利用随机背景噪声信号的互相关函数来表示两点之间的格林函数，因此，噪声互相关函数对格林函数的近似程度十分关键。地球背景噪声的分布特征和演化规律是影响经验格林函数形态和精度的重要因素。Petersen 等选取了分布在全球的 75 个地震台的数据，在去掉明显的仪器噪声、非典型噪声和地震事件之后，得出了每一个台站上的噪声功率谱密度曲线。

地球背景噪声在 5 ~ 10s 和 10 ~ 20s 之间存在两个明显的峰值，地震学家习惯将此周期范围内的背景噪声称为地脉动，并认为地脉动的产生同海浪与海岸的相互作用有关。周期 10 ~ 20s 的地脉动被称为第一类地脉动，该信号的周期同全球海浪的主要周期一致，一般认为是浅海海岸在海浪压力驱动下产生的（Hasselmann，1963）。周期为 5 ~ 10s 的地脉动被称为第二类地脉动，被认为是在近海岸两列方向相反、频率相同的第一类地脉动经过非线性耦合产生的（Longuet－Higgins，1950）。这两类地脉动的产生，都同海洋与陆地的相互作用有关。周期为 100s 以上的背景噪声，有研究人员称之为“Earth Hum”（Nawa 等，1998），认为是大气同地球相互作用引起的。也有研究人员认为，这个周期内的噪声源于海洋次重力波的驱使，是大气、海洋和海岸三者共同作用的结果（Tanimoto，2005；Rhie 等，2004，2006）。也有很多研究人员对更为高频的噪声做了研究，有结果指出，频率高于 1Hz 的噪声更多显示出日变化和周变化，可能同人类活动有关（Bonnefoy Claudet 等）。而 Koper 等利用分布在全球的 18 个台阵研究了 0.24 ~ 2.5s 的噪声成分，发现 Lg 波是主要的噪声来源，同时，噪声中也含有 Pn、Pg 等体波成分（Koper 等，2010）。Young 等（1996）也指出，在风力驱动下，可以产生 10 ~ 60Hz 的高频广谱噪声。

背景噪声的来源及能量的差异，会极大影响噪声相关函数的形态。Stehly 等首次基于噪声互相关函数对噪声源的性质进行分析，他们指出，对任意两个地震台站记录到的背景噪声进行互相关处理，理论上得到的互相关函数中都有一正一负两个分支，分别表示台站对路径上的因果和非因果信号。当台站两侧的噪声源分布均匀时，因果信号和非因果信号的到时一致，振幅相同[图 6 - 2（a）]；而当噪声源分布不均匀时，两个方向的信号到时相同，但振幅不同，在噪声源能量较强的一侧产生的信号振幅较大[图 6 - 2（b）（c）]。利用因果和非因果信号幅度的差异，可以对“台站对”两侧的优势噪声方向进行分析。

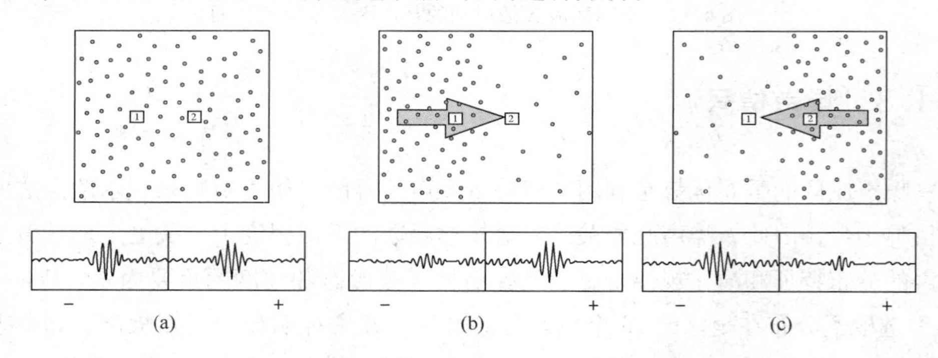

图 6 - 2　噪声源分布对互相关函数的影响

基于这个原理，Stehly 等利用美国、欧洲和坦桑尼亚若干台站一年的数据对不同周期的噪声进行了分析，发现 5 ~ 10s 的噪声源能量十分稳定，不随季节变化，且其来源集中在海岸线附近。但 10 ~ 20s 的噪声则显示了明显的季节性变化，并且其变化趋势同 20 ~ 40s 的噪声相似。他们据此认为，10 ~ 20s 的噪声可能并不来自于海岸线，而是同更长周期面波一样，起源于大洋深水区的海浪波动。Yang 和 Ritzwoller 选用了更多台站资料用类似方法对噪声来源进行研究后发现，10 ~ 20s 及5 ~ 10s 的噪声优势方向都表现出了明显的季节性变化，且都源自海岸线。10 ~ 20s 的噪声在部分地区有方向变化，可能是地震波的传播和衰减引起的，而不是因噪声源位置的不同引起的。Pedersen 等利用台阵 $F-K$ 分析的方法研究了芬兰地区的噪声，也认为地脉动频段内的噪声起源于海岸线。

地震干涉的模式均分原理要求噪声源的分布是均匀且随机的，但地球上真实的噪声源分布并非如此，而是具有明显的方向性和季节性变化。为什么我们依然能够提取到有效的格林函数信息呢？Snieder 基于稳相近似理论指出，对两点之间格林函数的提取影响最大的是位于两个台站连线两侧的稳相区域。在这个稳相区域之外的噪声源对格林函数提取的贡献较小。同时，地下介质的不均匀性和散射体的存在，会导致噪声的散射现象，而使其分布更为随机化。研究人员建议在背景噪声干涉研究中可以用一年或者更长时间的叠加来实现噪声的随机化，消除噪声源季节变化的影响。Bensen 等也指出，可以对因果和非因果信号做叠加处理，以等效噪声源的均匀分布。这样，虽然损失了振幅信息，但可以在一定程度上提高信号的信噪比。

然而，在地球上还有一种特殊的噪声源，可持续产生噪声，其空间尺度较小且位置相对固定。Shapiro 等发现在非洲几内亚湾附近就有一个持续定域的噪声源，常年产生周期为 26s 的噪声（图 6 – 3）。此噪声源导致在噪声相关函数中产生了周期为 26s 的窄带信号，该信号表现为面波形式，能量很强且稳定。这类噪声源的位置固定，其信号持续存在，因此，通过长时间的平均以及因果和非因果信号的叠加处理仍不能将其消除。时间叠加效应会使其能量大大加强，甚至高于台站对所在大圆路径的面波信号，从而严重影响后续研究的可靠性。Gu 等在意大利南部和北部、Zeng 等在日本九州岛附近也发现了类似的噪声源。这种持续定域噪声源的产生机制，可能同当地特殊的地势结构有关，也有可能同火山活动等非海洋因素有关，这种噪声源值得进一步研究。

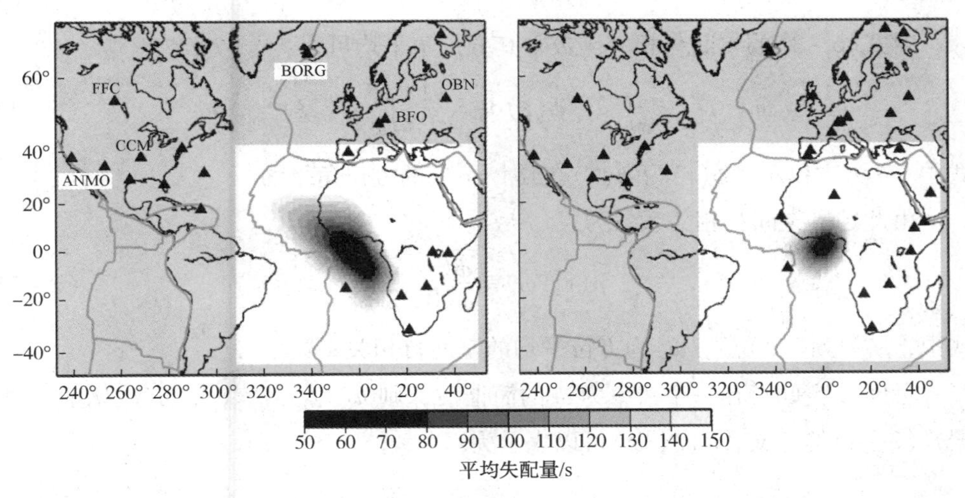

图 6 – 3　几内亚湾 26s 持续噪声源

6.2 噪声空间自相关成像技术

1957 年，Aki 提出了空间自相关方法，首次从噪声源噪声信号中提取出了面波的频散曲线，开创了噪声源法面波成像的先河。Aki 指出，当时空稳态时，两台站间的空间自相关系数与第一类零阶贝塞尔函数对应，从而可以提取两台站间频散曲线，而当时空不稳态时(包括只有单向波场时)，对所有方位上的相同间距台站对的空间自相关系数取平均，其结果与第一类零阶贝塞尔函数对应，也可以提取台站阵列的频散曲线。首先，定义波场的空间自相关函数为：

$$\phi(\xi) \equiv \frac{1}{A}\int_A F(x)F(x+\xi)\,\mathrm{d}x \tag{6-1}$$

式中，F 为与空间变量 x 有关的波场；A 为空间区域；ξ 为另一空间变量；ϕ 为正则化的空间自相关。

令 $F(x)=u(x,\ t)$表示随时间变化的地震波场，则上式变为：

$$\phi(\xi,\ t) \equiv \frac{1}{A}\int_A u(x,\ t)u(x+\xi,\ t)\,\mathrm{d}x \tag{6-2}$$

实际计算中，空间的积分可以用长时间的序列代替，若假设波场是时空稳态的，则此空间自相关函数 $\phi(\xi,\ t)$与时间无关，可表示为：

$$\phi(\xi) \equiv \frac{1}{2T}\int_{-T}^{T} u(x,\ t)u(x+\xi,\ t)\,\mathrm{d}t \tag{6-3}$$

对式(6-3)的空间自相关函数求其方位角平均可得：

$$\bar{\phi}(r) \equiv \frac{1}{2\pi}\int_{|\xi|=r} \phi(\xi)\,\mathrm{d}\xi = \frac{1}{2\pi}\int_0^{2\pi} \phi(|\xi|=r)\,\mathrm{d}\theta \tag{6-4}$$

式中，θ 为方位角；$\bar{\phi}(r)$为 $\phi(\xi)$在$|\xi|=r$ 上的方位角平均。

由此定义空间自相关系数为：

$$\bar{\rho}(r,\ \omega) \equiv \frac{\bar{\phi}(r,\ \omega)}{\phi(0,\ \omega)} \tag{6-5}$$

式中，ω 为频率；$\bar{\rho}(r,\ \omega)$为方位平均的空间自相关系数。

考虑 A 空间存在一个频率为 ω 的简谐波，则 $u(x_k,\ t)=\cos[\omega(t-t_k)]$。根据式(6-4)的定义，$\phi(\xi,\ \omega)$可以表示为：

$$\phi(\xi,\ \omega) = \frac{1}{2T}\int_{-T}^{T} \cos[\omega(t-t_1)]\cos[\omega(t-t_2)]\,\mathrm{d}t$$

$$=\frac{1}{2}\cos(\omega\Delta t)+\frac{\sin(2\omega T)}{4\omega T}\cos[\omega(t_1+t_2)]$$

$$\approx\frac{1}{2}\cos(\omega\Delta t)=\frac{1}{2}\cos[\omega\xi\cos(\varphi-\theta)/c] \tag{6-6}$$

式中，$\Delta t\equiv t_2-t_1=\xi\cos(\varphi-\theta)/c$；$c$ 为相速度，约等于关系在 $T\gg 1/\omega$ 时成立。

将式(6－6)代入式(6－5)可得：

$$\bar{\rho}(r,\ \omega)\equiv\frac{\bar{\phi}(r,\ \omega)}{\phi(0,\ \omega)}=\cos[\omega r\cos(\varphi-\theta)/c] \tag{6-7}$$

在一维情况下，仅有一个方向的震源且该震源位于两个接收点的连线上时，则有$\varphi-\theta=0$，故式(6－7)可写为：

$$\bar{\rho}(r,\ \omega)=\cos(\omega r/c) \tag{6-8}$$

在二维情况下，波场时空稳态的假设使不相关噪声源对$\phi(\xi,\ \omega)$产生的交叉项消失了，因此，所有方位噪声源波场作用的结果为：

$$\phi(\xi,\ \omega)=\int_0^{2\pi}\rho_s(\varphi,\ \omega)\cos[\omega\xi\cos(\varphi-\theta)/c]\mathrm{d}\varphi$$

$$=Re\left[\int_0^{2\pi}\rho_s(\varphi,\ \omega)\mathrm{e}^{i\omega\xi\cos(\varphi-\theta)/c}\mathrm{d}\varphi\right] \tag{6-9}$$

式中，$\rho_S(\varphi,\ \omega)$为频率ω的φ方位上的噪声源密度。

根据时空稳态假设，$\rho_S(\varphi,\ \omega)$应与方位无关，因此，可令$\rho_S(\varphi,\ \omega)=\Phi(\omega)$，代入上式可得：

$$\phi(\xi,\ \omega)=Re\left[\int_0^{2\pi}\Phi(\omega)\mathrm{e}^{i\omega\xi\cos(\varphi-\theta)/c}\mathrm{d}\varphi\right]$$

$$=2\pi\Phi(\omega)J_0(\omega\xi/c) \tag{6-10}$$

若波场时空稳态的假设不成立，即$\rho_S(\varphi,\ \omega)$与方位有关，则当接收点在圆周上连续分布时，可以对接收点方位进行积分得到：

$$\bar{\phi}(r,\ \omega)=\int_0^{2\pi}Re\left[\int_0^{2\pi}\rho_S(\varphi,\omega)\mathrm{e}^{i\omega r\cos(\varphi-\theta)/c}\mathrm{d}\varphi\right]\mathrm{d}\theta$$

$$=Re\left\{\int_0^{2\pi}[\rho_S(\varphi,\omega)\mathrm{d}\varphi]\mathrm{e}^{\frac{i\omega r\cos(\varphi-\theta)}{c}}\mathrm{d}\theta\right\}$$

$$=2\pi\, h_0(\omega)J_0(\omega r/c) \tag{6-11}$$

式中，$h_0(\omega)=\int_0^{2\pi}\rho_S(\varphi,\ \omega)\mathrm{d}\varphi$，为仅与频率有关的量。

将式(6－10)与式(6－11)分别代入式(6－5)，可以得到：

$$\bar{\rho}(r,\ \omega) \equiv \frac{\overline{\phi}(r,\ \omega)}{\phi(0,\ \omega)} = J_0(\omega r/c) \tag{6-12}$$

上式表示空间自相关系数与第一类零阶贝塞尔函数是等价的，因此，可以通过求接收点阵列的空间自相关系数，计算出面波的相速度，然后反演进行成像。在实际应用中，为了能够获得较好方位平均空间自相关函数，通常将接收台阵布设为三角形阵列，图 6－4(a)所示为一维探测所布设的台阵，由七台仪器组成，在圆心 S_0处放置一台接收器，并以 S_0为圆心，在半径为 R_1和 R_2的两个同心圆上，以 120°方位角的间隔分别放置 3 台仪器，利用圆心和圆周上的 4 台仪器即可以完成一次观测，计算出对应的频散曲线，频散曲线是对圆周范围内的地层结构的综合反映，台阵中心点 S_0到圆周的距离即为式(6－12)中的观测半径 r。一般来说，该方法探测的深度是观测半径 r 的 3～5 倍。为了满足二维勘探的需求，观测点也可沿剖面布设[图 6－4(b)]，在完成 S_1测点的观测后，把观测点 S_1、A_1、B_1、C_1的接收器分别搬到 S_2、A_2、B_3、C_3上进行 S_2测点的观测，以此类推。

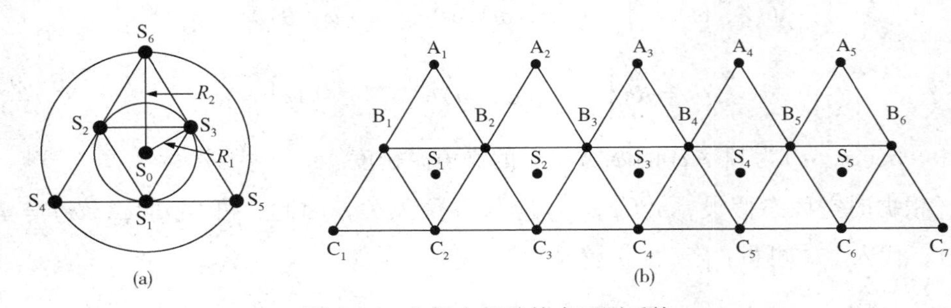

图 6－4　空间自相关技术观测系统

6.3　噪声互相关成像技术

1968 年，Clearbout 证明了对地表的两个不同观测点记录的信号做互相关运算，会产生一个新的信号。2001 年，Weaver 和 Lobkis 发现两个传感器接收的噪声信号进行互相关计算后得到的波形可以看作两点间的格林函数(图 6－5)。2003 年，Campillo 与 Paul 对不同台站的地震尾波记录进行互相关并叠加的计算，发现得到的波形与理论模型合成的格林函数一致。2004 年，Shapiro 等提出背景背景噪声技术，指出可以利用宽频带地震仪记录的连续噪声信号提取出面波的频散曲线，他们获得了美国加州地区的短周期(7～18s)面波频散曲线。2005 年，Roux 等的研究表明，在互相关提取的信号中，面波占主要成分，这是由于体波波前沿球面扩散，而面波沿平面扩散，体波较面波衰减更快，而相干噪声必须有足够的强度才能被两个台站接收到。与 SPAC 方法不同的是，背景噪声方法中利用两个接收器可以提取出频散曲线，通常要求台站间距至少要大于一倍波长，而 SPAC 方法中需要多个接收器提取一条频散曲线，并要求台站间距在几个波长之内。

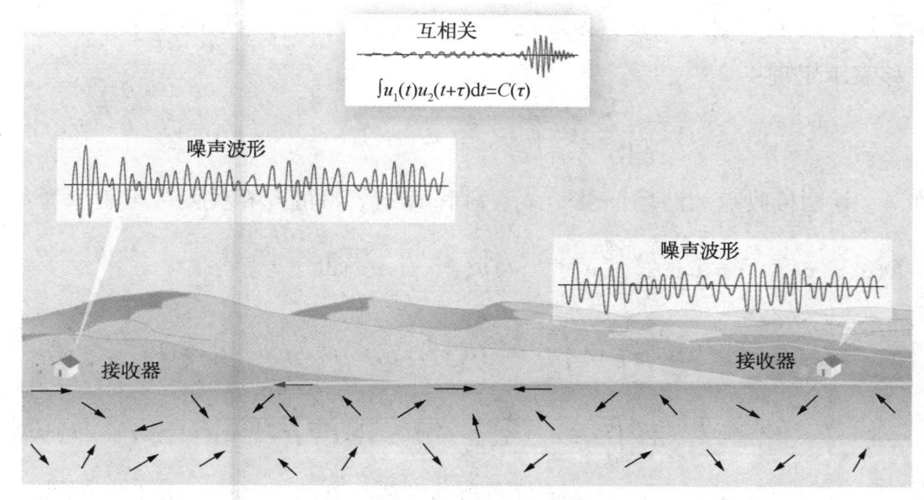

图 6－5 噪声互相关提取格林函数原理图

6.3.1 噪声互相关原理

背景噪声成像技术的核心在于从互相关函数中提取两接收点间介质的格林函数，格林函数表示，当某一脉冲集中力作用于一点时，可在另一点接收到位移记录。研究人员基于不同假说，对互相关函数与格林函数的关系提出了不同的解释，如模式均分理论、时间反演不变性理论、稳相近似理论，互易定理等。2008 年，Gouedard 等基于噪声源均匀分布的假设，从波动方程出发，推导了互相关函数与格林函数的一般性表达式，考虑带阻尼的波动方程为：

$$\frac{\partial^2 u}{\partial t^2}+2a\frac{\partial u}{\partial t}-Lu=f \tag{6-13}$$

式中，a 为与介质衰减相关的大于 0 的常数；$u(x,t)$ 为时空的波场的质点位移；$f(x,t)$ 为噪声源的激发函数；L 为能量保存的自伴算符，若 $L=c^2\Delta$，Δ 为 Laplace 算符。

若取 $f=\delta(t)\delta(x-x_S)$，则式(6－13)得解即为格林函数 $G(x,x_S,t)$。Gouedard 建议采用傅里叶变换的方法先求解无阻尼的波动方程，然后再加上指数衰减即可，因此上式得解可表示为：

$$G(x,\ x_S,\ t)=Y(t)\mathrm{e}^{-at}\left(\frac{\sin t\ \sqrt{-L-a^2}}{\sqrt{-L-a^2}}\right)(x,\ x_S) \tag{6-14}$$

式中，$Y(t)$为单位阶跃函数，$t<0$时为零，其余为1。

此时，式中的L仅为L算子本征值的虚部，$(x,\ x_S)$表示这两个变量受L算子的作用，与L的形式相关。为了建立互相关函数与格林函数的关系，还需要引入位移表示定理：

$$u(x,\ t)=\int_0^{+\infty}\mathrm{d}t'\int_\Omega G(x,\ x_S,\ t')f(x_S,\ t-t')\mathrm{d}^3x \tag{6-15}$$

则在A、B两接收点的波场记录$u(x_A,\ t)$和$u(x_B,\ t)$的互相关函数可表示为：

$$\begin{aligned}R(x_A,\ x_B,\ \tau)&=\lim_{T\to\infty}\frac{1}{T}\int_0^T u(x_A,\ t)\overline{u(x_B,\ t+\tau)}\mathrm{d}t\\&=\lim_{T\to\infty}\frac{1}{T}\int_0^T\mathrm{d}t\int_0^\infty\mathrm{d}t'\int_\Omega G(x_A,x_{S'},t')f(x_{S'},t-t')\mathrm{d}\Omega\cdot\\&\quad\int_0^\infty\mathrm{d}t''\int_\Omega\overline{G(x_A,\ x_{S''},\ t'')f(x_{S''},\ t+\tau-t'')}\mathrm{d}\Omega\end{aligned} \tag{6-16}$$

当时间区域无穷时，式中对时间的积分等价于总体平均，假设噪声源为白噪声，则下式成立：

$$\begin{aligned}\lim_{T\to\infty}\frac{1}{T}\int_0^T f(x_S,\ t-t')f(x_S,\ t+\tau-t'')\mathrm{d}t&=E[f(x_S,\ t-t')f(x_S,\ t+\tau-t'')]\\&=\sigma^2\delta(t+t'-t')\delta(x_S-x)\end{aligned} \tag{6-17}$$

式中，E为期望；σ为白噪声的方程。

将式(6－17)和式(6－14)代入式(6－16)中，并利用δ函数的性质可得：

$$R(x_A,\ x_B,\ \tau)=\frac{\sigma^2\mathrm{e}^{-a|\tau|}}{4a}\left[-\frac{1}{L}(\cos\tau\ \sqrt{-L-a^2})+a\frac{\sin\tau\ \sqrt{-L-a^2}}{\sqrt{-L-a^2}}\right](x_A,\ x_B) \tag{6-18}$$

求式(6－18)的导数，并将式(6－14)代入得：

$$\frac{\mathrm{d}}{\mathrm{d}\tau}R(x_A,x_B,\tau)=\frac{\sigma^2}{4a}[G(x_A,x_B,\tau)-G(x_A,x_B,-\tau)] \tag{6-19}$$

式(6－19)表明，互相关函数的导数与格林函数成正比，该结果与Campillo等推导的结果一致，这一关系也从实践中得到了证实。Shapiro等比较了在美国USArray台网MLAC台附近、被PHL台记录到的瑞利面波波形和从这两个台站的背景噪声中提取出的瑞利面波格林函数，发现两者是相似的。

6.3.2 空间自相关与时域互相关理论的联系

随着噪声成像理论的发展，在理论与实践方面，研究人员逐渐发现了空间自相关与时间域互相关之间的联系，Aki 曾指出，在噪声场均匀分布的情况下，空间自相关系数可由时间域的互相关谱代替。1973 年，Cox 和 Capon 等详细探讨了 Aki 提出的空间自相关理论与时间域互相关理论之间的联系，他们指出，空间自相关与时域互相关是对同一物理现象的不同描述。Tasi 和 Moschetti 推导出了空间自相关与时域互相关之间精确关系的表达式，证明了二者在理论上是等价的。2009 年，Ekström 等利用 Aki 公式从两个台站的时域互相关记录中提取出了面波的频散曲线，证实了可以将空间自相关理论的结论应用在背景噪声技术中提取频散曲线。

对两个台站记录的噪声信号做互相关运算可以获得其经验格林函数，其中一个台站位置处可以视为震源，另一个台站可以视为接收装置。仍然设噪声振动信号为 $u(x, t)$，则两个台站的时域互相关函数可以定义为：

$$C(x_a, x_b, t) = \frac{1}{2T}\int_{-T}^{T} u(x_a, \tau)u(x_b, \tau + t)\mathrm{d}\tau \tag{6-20}$$

式中，$u(x_a, \tau)$ 和 $u(x_b, \tau)$ 为位于 a、b 两位置处的台站记录的噪声信号；$C(x_a, x_b, t)$ 为 a、b 两台站噪声记录的互相关结果。

Asten(2006) 和 Nakahara(2006) 指出，互相关函数的频谱与 Aki 的空间自相关系数是相似的，Tsai 和 Moschetti(2010) 进一步证明了空间自相关理论和时域互相关理论是对同一物理现象的不同表述，因此，我们令式(6－20)中 $x_a = x$，$x_b = x_a + r$，易证明：

$$\phi(r) = C(x_a, x_b, 0) \tag{6-21}$$

该式表明，空间自相关函数等于零延时的时域互相关函数，Ekstrom 等(2009) 基于该等价关系，从双台噪声记录中获得了频散曲线。Yao 等(2009) 也指出，包含瑞雷波信号的互相关经验格林函数不仅可以从噪声记录中获得，也可以由位于同一条射线路径上的两个台站的地震记录中得到。

在实际计算中，Ekström 等(2009) 指出，由于受原始数据能谱密度的非均一分布和数据处理的非线性效应影响，互相关函数的频谱实部振幅通常不能很好地拟合贝塞尔函数，然而其实部曲线零点对能谱密度变化不敏感，因此，可以利用频谱实部曲线的零点与贝塞尔函数的根的对应关系，计算离散频点的相速度值，最后拟合得到频散曲线。将式(6－12)中的角频率 ω 由 $2\pi f$ 表示，并设 f_n 表示频谱实部曲线上的的第 n 个零点位置处的频率，Z_n 表示贝塞尔函数 J_0 的第 n 个根，则根据式(6-12)可推导出相速度计算为：

$$v(f_n) = \frac{2\pi f_n r_{\mathrm{ab}}}{Z_n} \tag{6-22}$$

由以上讨论可知，利用 Aki 法提取频散曲线需要经过以下 4 个步骤的处理：①抽取一个炮集中的两道记录做互相关运算，并将互相关结果的因果与非因果部分叠加，提高瑞雷波信号的信噪比；②对叠加后的互相关结果做傅里叶变换得到其频谱，识别频谱实部曲线上的零点，同时计算贝塞尔函数的根；③利用式(6-22)计算各零点频率处的相速度值；④在 $f-v$ 平面上拟合离散相速度点生成频散曲线。

6.4 噪声数据处理流程

本节介绍噪声数据的常用处理流程，对于采集的长时间噪声记录，首先需要对其进行预处理，消除原始数据中天然地震信号和仪器本身不稳定带来的异常信号，以获得记录背景噪声信号，然后再对噪声信号进行分段和互相关处理，从中恢复出经验格林函数。经验格林函数即可以视为面波记录，利用不同的方法对经验格林函数进行处理，计算出频散曲线，最后对频散曲线进行层析反演，从而达到成像的目的。

6.4.1 数据预处理

Bensen 等系统总结了噪声数据预处理的步骤，主要包括去除仪器响应、去除数据的趋势和均值、数据分段、带通滤波、时间域归一化和频谱白化等。

(1) 去仪器响应。一个研究区内布设的仪器型号不同，则仪器的响应函数也不同，因此，采集的信号其幅频和相频特性有一定的差异，为消除原始信号中的这种差异，需将响应函数与信号反褶积去除仪器响应，如果区域内使用的地震仪或接收装置为同一型号，则不需要进行去仪器响应的处理。

(2) 去趋势和去均值。地震仪和检波器在记录过程中会有零漂，导致数据整体位于零点的一侧并产生趋势，因此需要进行处理，去除数据中的趋势和均值。图 6-6 为某研究区采集的原始噪声记录及去趋势、取均值后的结果。

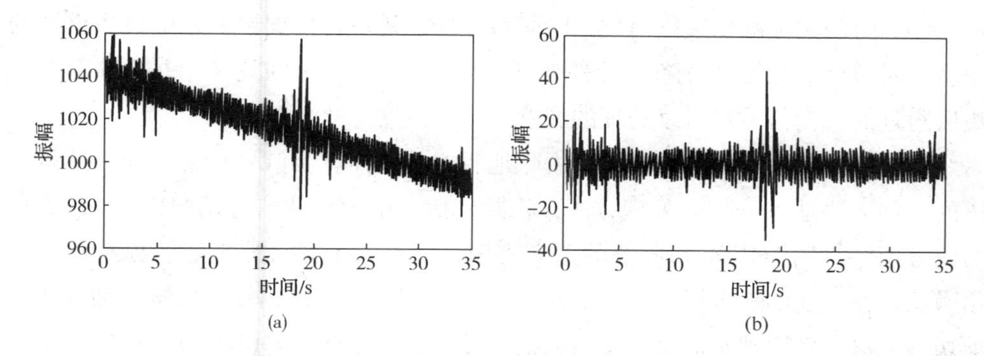

图 6 - 6　原始数据(a)及去除趋势和均值后的数据(b)

（3）数据分段。Gross 等的研究表明，数据分段在噪声源噪声数据预处理中是十分关键的，他将 12 月时长的噪声数据按不同的窗口长度分段处理，研究窗口长度对信噪比等的影响情况。目前，研究地壳地幔结构等大尺度问题常选择 24h 作为窗口分段的长度，本书内容主要针对近地表浅层速度结构的成像，参考 Picozzi 等的研究内容，将窗口长度定为 30s。

（4）带通滤波。根据预期的探测深度，利用巴特沃斯双通四极点滤波器对每段数据进行滤波。图 6 - 7 为某研究区噪声记录去趋势去均值及分段并滤波(通带频率为 0.5 ~ 50Hz)后的结果。

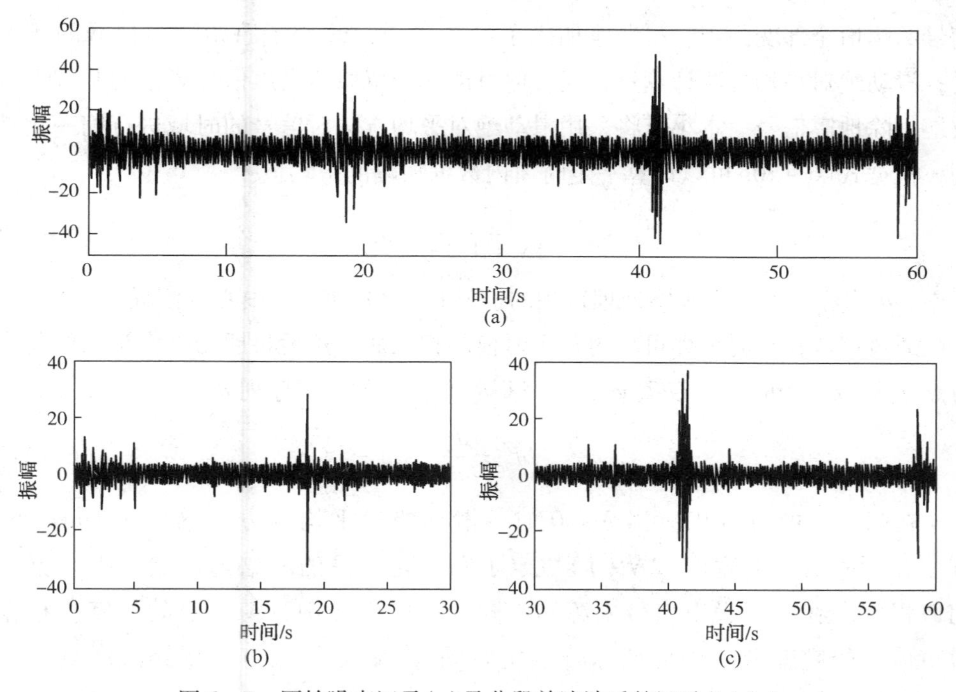

图 6 - 7　原始噪声记录(a)及分段并滤波后的记录(b)(c)

（5）时间域标准化和谱白化。时间域标准化是单台数据预处理中最为重要的一步，时域标准化处理将降低天然地震和仪器不稳定产生的效应，并消除数据采集区附近的瞬变信号对后续处理的影响。

目前，有5种不同的方法可以去除地震或其他强震源信号，第一种也是最激进的一种方法是One - bit处理方法，将原始信号中为正的信号用"1"代替，为负的信号用" - 1"代替，Larose等的研究表明，One - bit方法处理能够提高信号的信噪比，在早期的地震尾波噪声的研究中One - bit方法应用较多。第二种方法是剪切阀值法，其原理是对每个分段的信号计算其最小标准差(RMS)，切除大于该标准差的振幅信息。第三种方法是地震事件自动检测去除法，当波形超过一定阈值时，则认为其为地震记录的波形，并将其前后一段时间内的噪声记录振幅值用零代替。第四种方法为滑动绝对平均方法，通过对每段内某个窗口长度内的所有振幅取平均，然后将平均值的倒数作为权系数与窗内的数据相乘得到新的序列。第五种方法是水准量迭代归一化方法，这种方法将振幅大于每段内振幅均方根一定倍数的权重降低，不断循环计算，直至整体波形的振幅低于某一设定的水准量，其缺点是比较耗时。

在在各种时间域归一化处理的方法中，One - bit方法和滑动绝对平均方法使用最为广泛。其中，One - bit方法处理过程较为简便，但其经过处理将原始噪声信号的幅值全部变为1，人为地加入了高频噪声，改变了原始噪声信号的频率谱；滑动绝对平均方法计算量较大，但可以在保留原始噪声信号频谱的基础上有效地去除地震信号。本小节将采用滑动绝对平均方法对信号的时域进行归一化处理，根据式(6 - 20)可以计算一定时窗内数据振幅的平均值：

$$w_n = \frac{1}{2N+1}\sum_{i=n-N}^{n+N} |d_i| \tag{6-23}$$

式中，d_i为经过前4个步骤处理得到的信号；i为窗函数的中心点位置。

通过逐段移动时窗即可算得每个时窗的权系数，然后将原始噪声记录的每个时点d_n除以每个时点的权重w_n，即可得到归一化的时间序列d'_n：

$$d'_n = \frac{d_n}{w_n} \tag{6-24}$$

在归一化的过程中，当$N=0$时，滑动绝对平均的方法等效于One - bit方法，时间窗口的宽度$(2N+1)$决定了归一化记录的频谱与原始数据频谱的相似程度。在不同噪声信号来源和不同的研究区域中，窗函数的长度应根据噪声信号的频率和振幅特征综合确定。图6 - 8为某噪声数据经过时域归一化的结果。

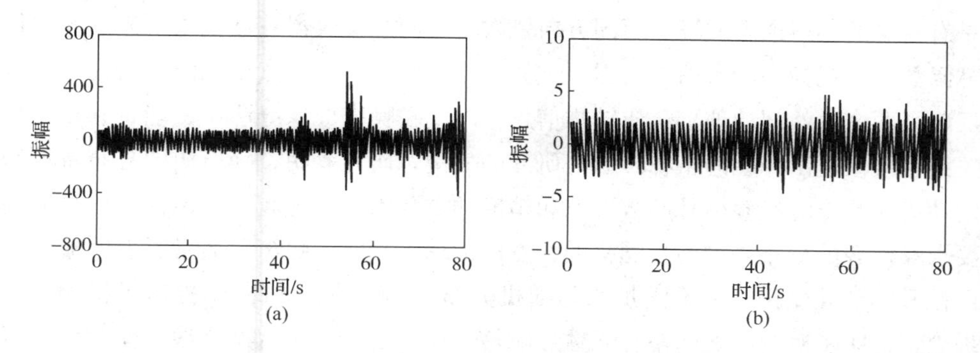

图 6-8　原始记录(a)及时间域归一化后的记录(b)

除时间域归一化外，还需要对噪声数据做频谱的白化处理，谱白化即在频率域对数据做归一化处理，这样可以拓展噪声信号的频带宽度，并降低某单频固定信号的影响。通常，噪声的频谱不是平坦的，在某些频带内由于某些特定信号的作用，频谱幅值的变化十分剧烈，会产生频谱振幅的明显峰值，峰值两侧则能量较弱，这在后续进行频散曲线计算时会引起谱孔现象，使得某些频段无法计算出相速度。因此，也需要对频率域的信号进行归一化处理。以图 6-8(b)中经过时间域标准化后的数据为例说明频谱白化的过程：首先，对其进行傅里叶变换得到其频率域振幅谱[图 6-9(a)]，由振幅谱可见，在 10Hz、50Hz 和 70Hz 处振幅明显增大，利用滑动绝对平均的方法对频谱进行处理，时窗宽度 N 设为 100，处理结果如图 6-9(b)所示，可见频谱变得平坦，并且频带得到拓宽。

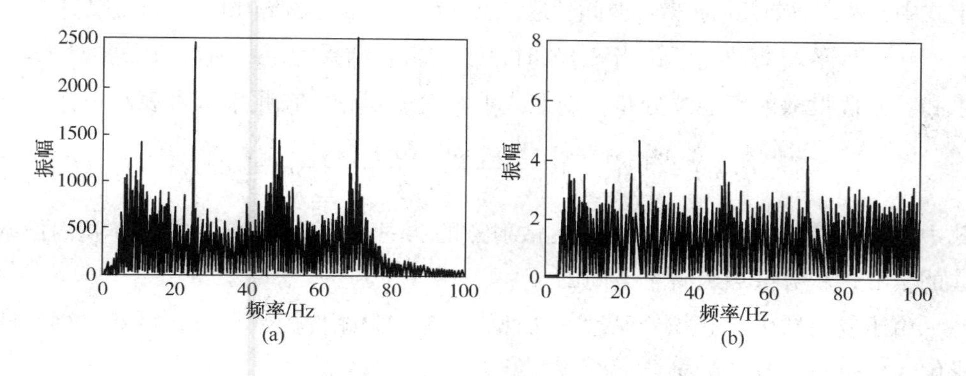

图 6-9　原始记录的频谱(a)及频率域归一化后的频谱(b)

6.4.2　互相关提取格林函数

通过互相关运算能够从两个接收器的噪声记录中提取经验格林函数，其前提是有充足的噪声地震波场从不同方向依次通过两个接收器并被记录下来。经验格林函数即可视为一个台站作为虚源、另一个台站作为接受点得到的地震记录，其反应了两个台站间的地下介质结构信息，因此在噪声成像方法中，能否利用互相关的手段恢复出介质的格林函数是研究的关键。研究表明，噪声源的分布特征和活动规律是影响经验格林函数形态和精度的重要因素，地震干涉的模式均分原理要求噪声源的分布是均匀且随机的，然而地球上真实的噪声源通常具有明显的方向性和季节性变化，并不满足均匀随机分布。2004 年，Snieder 提出了稳相近似理论，证明了对两点之间格林函数影响最大的是位于两个台站连线两侧的稳相区域，实际在该区域之外的噪声信号对格林函数的影响较小，考虑如图 6－10 所示简单模型，设两个接收点 A 和 B 在笛卡尔坐标系中的坐标分别为$(0, 0, 0)$和$(R, 0, 0)$，地震波传播速度设为 c，S 表示台站区域附近的散射点，散射点散射信号为 $S(t)$，散射点到两接收点的距离为 r_1 和 r_2，则两接收点 A、B 接收到的信号的互相关函数为：

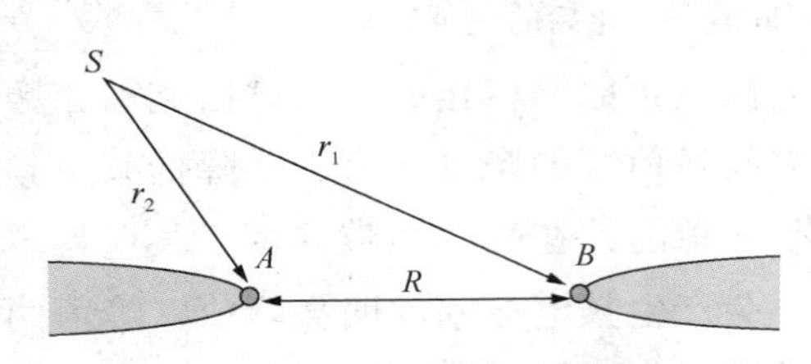

图 6－10　地震干涉的稳相近似理论示意图
A 和 B 为台站；间距为 R；r 为任意一个噪音源；
灰色区域为稳相区域

$$R(\tau) = \sum_{S,S'} \int_0^T S_S(t) S_{S'}\left(t + \frac{r_1^{S'} - r_2^{S'}}{c} + \tau\right) \mathrm{d}t / r_1^{S'} r_2^{S'} \tag{6-25}$$

上式中，考虑波前几何扩散和时间延迟，求和符号表示对区域内的所有散射点求和。

在统计平均的情况下，当 $S \neq S'$时，上式求和结果为零，所以只需要对 $S = S'$求和，并假设散射点连续分布，则上式求和变成积分，在频率域可表示为：

$$R(\omega) = \overline{|S(\omega)|^2} \int_\Omega \frac{\exp[i\omega(r_2 - r_1)/c]}{r_1 r_2} n \mathrm{d}x\mathrm{d}y\mathrm{d}z \tag{6-26}$$

式中，$S(\omega)$为仅与振幅有关的所有散射点的功率谱的平均；n 为单位体积内散射体的个数；积分区域为整个空间 Ω。

由于复指数中含有积分变量，这种积分被称为相位函数积分，可通过稳相法求解。经过较为复杂的推导后，该式结果可表示为：

$$R(\omega) = 8\pi^2 \overline{|S(\omega)|^2} \left(\frac{c}{i\omega}\right) \left(-\frac{\mathrm{e}^{ikR}}{4\pi R} \int_{-\infty}^{0} n \mathrm{d}x - \frac{\mathrm{e}^{-ikR}}{4\pi R} \int_R^{+\infty} n \mathrm{d}x\right) \tag{6-27}$$

式中，$-\frac{\mathrm{e}^{ikR}}{4\pi R}$和$\frac{\mathrm{e}^{-ikR}}{4\pi R}$为一维声波的格林函数，其中，前者表示沿 x 轴正向传播，称为滞后的格林函数，后一项沿 x 轴反向传播，称为前置格林函数。

由此可见，除了位于两台站连线附近区域的散射点散射的波场，两台站记录到的散射波是互不相关的。稳相近似理论证明，只有位于连接两个台站的大圆路径上的噪声源才对互相关函数有贡献，噪声源互相关函数的实质是沿接收线附近传播的散射波的相长干涉。互相关运算结束后，需要将各段计算得到互相关函数做叠加处理，提高格林函数的信噪比。图 6 - 11 为某研究区实际采集的噪声数据经过互相关运算后逐段叠加的结果，注意观测信号的纵坐标变化，可见随着叠加次数的增加，信噪比逐渐增大，图 6 - 11(a) ~ (d)分别为叠加段数逐渐增大时得到的互相关函数结果。在计算的台站对较多时，还需要对叠加后的格林函数进行筛选，计算其信噪比，剔除信噪比较低的结果。

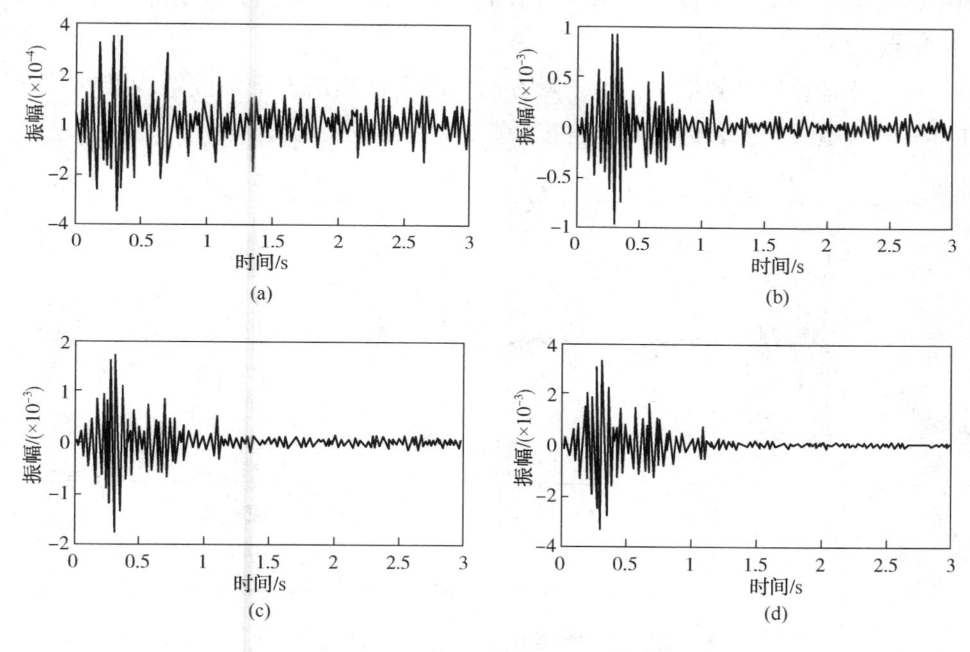

图 6 - 11　叠加段数逐渐增加得到的互相关函数

6.4.3　频散曲线的测量

得到两个接收器之间的经验格林函数后，就可以计算面波的频散曲线了，Bensen 指出，可以利用传统的时频分析方法提取面波的相速度和群速度频散曲线。Ekstrom 等也提出利用 Aki 公式计算相速度频散曲线的方法。本节将利用 Aki 公式方法计算噪声面波的频散曲线。在前面章节中已经指出，空间自相关理论的一个重要结论是证明了 SPAC 系数与第一类零阶贝塞尔函数的等价关系，即：

$$\bar{\rho}(r,\ \omega)=J_0\left[\frac{\omega r}{c(\omega)}\right] \tag{6-28}$$

Aki 曾指出，经过方位平均计算出的 SPAC 系数$\bar{\rho}(r,\ \omega)$能够被台站对的互相关谱所代替，然而，由于互相关振幅谱的形态依赖于噪声信号的频谱分布，并且会受到数据处理的非线性效应影响，因此在计算中不能直接利用所有的频谱信息，但是频谱的零点对噪声信号的频带并不敏感，可以利用零点与贝塞尔函数零点的对应关系计算离散的相速度：

$$v(\omega_n)=\frac{\omega_n r}{Z_n} \tag{6-29}$$

式中，Z_n为第一类零阶贝塞尔函数的第 n 个零点；ω_n为互相关谱实部曲线上的第 n 个零点。

在实际计算得到频谱中，由于噪音的影响会使频谱上增加或缺少某些零点，在计算时会造成误差，因此不能直接计算，对上式进行改造得：

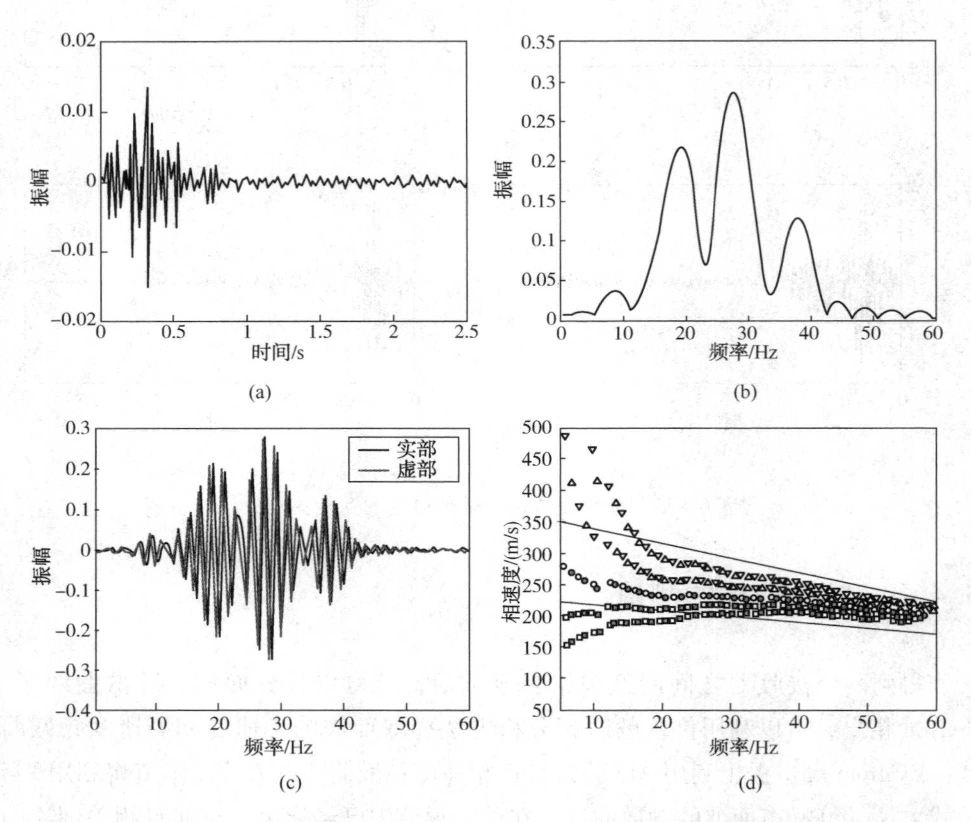

图 6-12　互相关函数中切出的面波记录(a)、面波记录的频率域振幅谱(b)、频谱的实部与虚部曲线(c)及 Aki 法计算得到的相速度(d)

$$v_m(\omega_n) = \frac{\omega_n r}{Z_{n+2m}} \tag{6-30}$$

式中，$m=0$，±1，±2，…，表示增加或缺失的零点个数，这样对每一个格林函数就可以计算出 m 值不同的多组相速度值，然后再根据相速度值的范围确定正确的一组，拟合生成频散曲线。图 6－12(a)为某研究区实际采集的噪声数据计算得到的互相关函数，对其进行傅里叶变换得到频谱，再对频谱实部曲线的零点进行拾取，并将第一类零阶贝塞尔函数J_0的零点代入式(6－30)，计算出相速度，图 6－12(d)中不同颜色的曲线表示 m 取不同值时，计算出的“频散曲线”，可以通过研究区背景资料提供的面波速度范围(图中黑色直线划定的区域)判断出正确的频散曲线。

6.5　噪声面波勘探的实际应用

面波与地下结构的关系非常复杂，目前只能将地下模型近似为水平层状介质，根据层状机制模型理论来计算模型的理论频散曲线，再对频散曲线反演获得地下介质的横波速度结构。反演频散曲线有多种方法，传统的有最小二乘法，但它通常要求给定一个精度较高的初始模型，而实际上这是比较困难的，近年来发展出了一种利用遗传算法的解法。这种解法的初始模型精度要求不高，而且全为正演计算。该方法的步骤为：①定义一个解的存在空间，然后随机生成 N 个模型；②计算各模型的理论频散曲线，根据理论值与观测值的差来评价各模型的优劣；③按一定比例淘汰劣质模型，保留优质模型，并按与优劣成正比的概率挑选模型，对挑选的模型进行交叉(用两个模型组成两个新模型)和变异(突然变化某模型的某一个或几个要素以生成一个新模型)的操作；④把留下来的模型和交叉变异处理得到的模型合在一起，组成新一代的模型；⑤重复以上过程，直到某模型的理论频散曲线与观测值相差足够小为止。用遗传算法由面波频散曲线反演地下结构的解法可以在较大范围内进行全局搜索，不至于因初始模型选择不当而漏掉最佳模型。

频散曲线反演中解的不确定性较大，一般需要一定的已知条件来确定解，当调查区内有多个调查点时，可采用多点同时反演来解决这一问题。根据勘探目的的不同，噪声野外观测分为单点观测和剖面观测，他们的野外方法基本一致，只是剖面观测需按一定间距沿剖面进行单点观测。噪声单点勘察最终可获得测点下方地层介质的横波速度及界面深度，故也称为噪声测深，噪声单点勘察在日本被视为虚拟钻孔。

噪声单点勘察大多采用图 6－4(a)所示观测台阵，由 7 台仪器组成，这个观测台阵可一次或分为两次进行观测，每次至少用 4 台仪器(中心点及同一圆周上的 3 台仪器)。台阵中心点到圆周的距离称为观测半径 R。一般来说，探测深度是观测半径的 3～5 倍。图 6－13 为噪声勘察的仪器设备，包括拾震器、周期延迟电路、低通滤波器以及记录仪。噪声勘察使用宽频带地震仪，一般来说，如果要求 1000m 以上的观测深度，地震仪的固有周期要求在 5s 以上。对各台仪器间的一致性要求较高，一般要求一致性至少达到 0.95 以上，相位差在 3°～5°以内。噪声台阵观测采用各台仪器独立观测的方式，仪器之间无需电缆连接。为了保证台阵各观测仪器的式中同步，一般在观测开始前和结束时，仪器通过接受 GPS 卫星的标准时间信号自动进行内部时钟校正，并记录校正量。

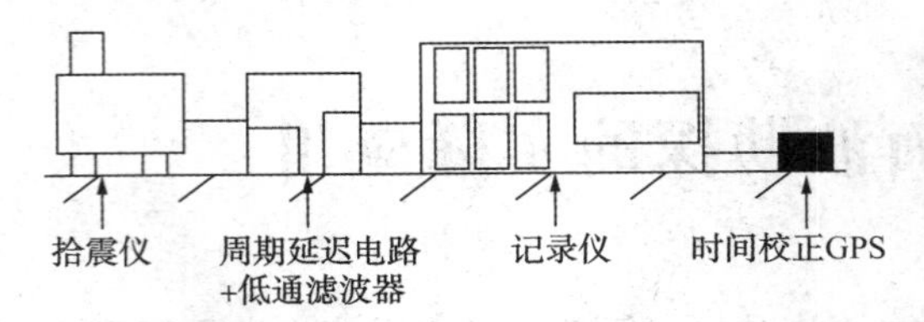

图 6－13　SPAC 观测系统及仪器设备

噪声单点勘察数据处理流程如图 6－14 所示，首先用空间自相关法从噪声数据中提取出瑞雷波频散曲线，再对频散曲线进行反演获得地下横波速度结构，最后结合当地的地质背景对横波速度结构做出地质解释。

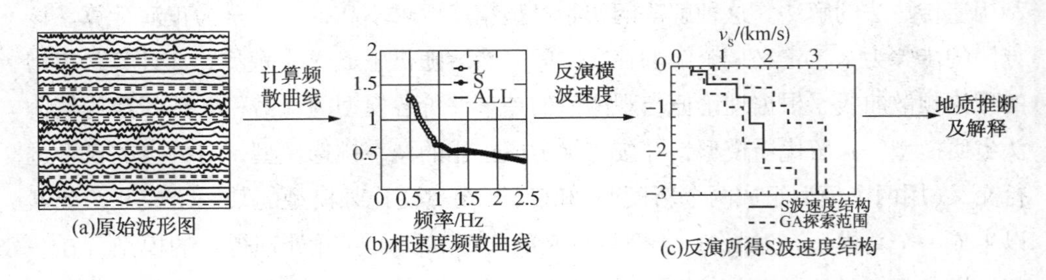

图 6－14　噪声单点勘察数据处理流程

实际野外工作步骤如下：①检验仪器并做一致性测试；②根据探测深度确定观测半径并测量各观测点的位置；③设置仪器参数进行噪声观测；④噪声数据的回放检查。为了满足二维勘探的需求，如探测煤层陷落柱、采空区、断层等地质构造时，噪声观测点可沿剖面布设，观测系统如图 6－4(b)所示，在完成第一点(S_1)观测（即 S_1、A_1、B_1、B_2 和 C_1、C_2、C_3 七点组成的一次单点观测)后，把观测点 S_1、A_1、B_1、C_1 的仪器分别搬到 S_2、A_2、B_3、C_3 上进行第二点观测，以此类推。这种工作方式在只用 7 台仪器的情况下，施工效率高。

噪声剖面勘察只需得到剖面上横波速度的相对变化，故不需要反演横波速度的绝对值。所以从噪声记录中提取出瑞雷波相速度频散曲线后，可用下式计算视S波速度：

$$v_{s,i}=\left(\frac{t_i\cdot v_{r,i}^4-t_{i-1}\cdot v_{r,i-1}^4}{t_i-t_{i-1}}\right)^{\frac{1}{4}} \tag{6-31}$$

式中，v_r 为瑞雷波相速度；t_i 为周期。

通过对剖面上各点的 V_x 值进行内插，画出所在噪声观测剖面的视S波速度剖面图，最后进行地质推断及解释。

目前，噪声勘察方法主要应用于土木工程、地质调查等领域，在地震多发国日本，噪声勘察方法已应用于地震区地下结构的勘察。在城市建筑越来越多的今天，传统的地球物理勘探方法越来越受到限制，噪声勘察方法做为一种全新的地球物理勘探方法，在城市物探中已显现出其优越性，可简要归纳为：①野外观测设备简单，施工方便快捷；②利用天然震源，无需人工震源，对环境没有特殊的要求及破坏；③数据处理相对简单；④勘探成本较低；⑤与少量钻孔相结合，可高精度地确定地下界面的深度。

初步实践表明，横波速度对煤层陷落柱、采空区等速度异常区反映敏感，噪声方法对探测陷落柱及解决村庄覆盖区的煤层构造问题具有得天独厚的技术优势和应用前景。尽管如此，由于噪声勘察得到的是观测台阵所覆盖范围内地下介质的平均横波速度结构，这种平均效应将影响其分辨率，显然，观测半径越大，分辨率越低，则尤其不利于分辨率横向精细结构。受瑞雷波传播深度的影响，噪声勘察方法在研究初期阶段，人们一般只利用周期约1～3s的噪声信号，其探查深度大约为几百米到一千米。现在，日本已有不少研究者通过利用高频段和低频段的噪声信号，推断出地下浅部数米至深部数千米的地层横波速度结构。所以，如何利用高频段和低频段的噪声信号推断更浅和更深的地下构造，仍是今后研究的目标。目前，噪声勘察大多采用单点勘察方法，结合实际问题需要采用单点与剖面勘察相结合的方式，可以取得更好的地质效果。

此外，现今噪声勘察方法数据处理都是建立在基阶面波占优势的假设基础之上的，探索高阶面波的发生规律，识别方法和提取方法，是今后研究的一个重要方向，另外，结合实际地质问题（如煤层陷落柱、煤矿采空区等），开展二维及三维正演数值模拟研究，是噪声方法更好地解决生产问题的必要途径。背景噪声干涉方法获取数据容易，数据处理相对简便，已被用于诸多方面。除上述研究之外，噪声干涉方法也被用于台阵钟差检测、速度模型评估和建筑物响应检测等。由于背景噪声干涉得到的是真实介质的格林函数，因此可用来修正简单的波速模型，从而对地震事件进行准确的定位研究。随着地震台站密度的增加，利用背景噪声干涉获得面波格林函数库，进而对中强地震进行准确定位，这将是背景噪声干涉研究的重要应用。随着噪声干涉理论研究的深入以及对噪声源的研究，人们可以提高噪声格林函数的可靠性。对噪声格林函数中多种信息的研究，也使将其应用于更多领域成为可能。

经过多年的发展，噪声成像研究的处理流程逐渐显示出海量数据和密集计算的特点。首先，地震监测台网的发展，使得可用于噪声干涉研究的台站数目逐渐增加。目前，中国境内共有 1000 余个地震台，以后还会逐渐增加。同时，随着流动观测能力的提高，在特定地区布设密集的流动台站进行长时间观测的实验研究也越来越多。第二，对噪声源特性的研究，需要较大范围的台站。由于噪声干涉研究中往往要进行累加处理，不仅近场噪声会起作用，远场噪声也在累加作用下影响格林函数的提取。要详细、精确地研究噪声源的特征，需要联合较大范围内的台站来进行处理。第三，随着研究的深入，高频噪声逐渐引起关注。这是因为高频噪声中可能存在较多的体波成分，提取体波信号有利于获取更丰富的信息。同时，频率较高、周期较短的面波可以较好地反映浅层介质的信息，这对于基于噪声的波速变化监测尤为重要。要想获得深部介质的精确变化状态，必须了解和祛除浅层结构的影响。要对海量数据进行密集计算，完善的处理流程设计以及计算能力的提高都显得尤为必要。背景噪声干涉可以将看似杂乱无章的噪声信号转换为具有物理意义的确定信号，这是近年来地震学研究的重要进展。深入挖掘噪声干涉处理所获得信号中包含的介质信息，将背景噪声干涉用于更多领域，需要更多研究人员进行深入探索。

第7章 天然源双平面波成像技术

在面波成像方法技术中，有一类是利用天然地震发生时，由震源激发产生的面波信号进行成像的方法，可以将其称为天然源(或天然地震)面波层析成像。这类方法利用宽频地震台站记录的面波信号进行岩石圈结构的探测，不同接收台站记录的面波信号在相位、走时和振幅等方面存在差异，利用上述信息可以计算出台站阵列所在地区任意位置的波场信息，进而对地下结构进行层析成像，达到探测岩石圈的的目的。本章将以双平面波成像技术为例，对天然源面波层析成像的方法原理和技术流程进行介绍。

7.1 双平面波成像技术发展简史

面波在层状介质中传播时具有频散的特性，并且其速度与横波速度也有密切的相关性，Laske 等指出，通过分析台阵的面波记录进行层析成像的研究是基于入射波为平面波的假设，然而，震源至台站的介质是非均匀的，并且面波传播在传播过程中不同频率成分会发生干涉(Capon 将其称为多路经效应或散射效应)，这都将使面波的波形发行扭曲，偏离大圆路径。为了克服上述非平面波所引起的相速度计算的误差，1995 年，Friederich 和 Wielandt 提出了一种用一组 Hermite - Gauss 正交函数来描述地震的入射波场的方法，并成功地将这一方法应用在了德国南部的区域构造研究中，得到了研究区域 20 ~ 112.6s 的相速度图。与此同时，Widlandt 指出，在台站数量有限的条件下，该方法的波场参数的解是非唯一的，必须加入附加条件约束。

此后，Friederich 又指出，利用 Hermite - Gauss 函数的方法反演波场参数需要二十阶展开近似，共有 44 个参数描述给定频率的波场，较多的波场参数使反演在速度异常较小时变得困难，速度变化的幅度高度依赖波场参数的相对阻尼。因此，Forsyth 和 Li 提出用两个成一定角度入射的平面波来拟合入射波场的方法，同时反演速度和波场参数，使每个地震事件波场参数从 Friederich 方法中的 44 个减少到 6 个，解决了波场参数过多的问题，提高了反演结果的稳定性和唯一性。Li 等应用这一双平面波的方法进行面波层析成像，找到了落基山南部浅部均衡补偿的地震学证据，2006 年，Yang 等考虑面波的有限频率效应，利用 Zhou 等推导的灵敏度核函数，又发展了基于灵敏度核函数的双平面波层析成像方法，并通过数值模拟成功验证了该方法能够探测出异常尺度与面波波长相比拟的异常体。2011 年，Yang 和 Shen 等将双平面波的方法与背景噪声层析成像相结合，计算了 8 ~ 100s 的面波频散曲线图，建立了美国西部和中部地区地表至 160km 深度的三维横波速度模型。

7.2 双平面波成像技术原理

7.2.1 波场拟合

天然地震激发的波场由大圆路径进入台站阵列区域，通过建立笛卡尔坐标系可以描述该波场。建立极坐标系，以参考台站作为坐标系的原点，x 轴正方向为震中至参考台站的大圆路径方向，y 轴正方向为 x 轴正方向逆时针旋转 90°方向［图 7 - 1(a)］，x 轴坐标值对于每个节点和和参考台站的震中距差异是相同的，因此消除了基于均匀球状地球模型的波前面曲率的影响，y 轴坐标值定义为研究区某点到 x 轴的距离，这一坐标系在拉平了波前面的同时也避免了节点之间相对位置的改变。

设存在一角频率为 ω 的入射面波场，波场入射方向如图 7 - 1(b) 中的黑色箭头所示，则该波场可以通过两个平面波的拟合效应来表示：

$$ {}_i^kU = {}_iA_1 e^{-i_i^k\phi_1} + {}_iA_2 e^{-i_i^k\phi_2} \tag{7-1} $$

式中，U 为波场的垂向振幅；A_1、A_2 和 ϕ_1、ϕ_2 分别为拟合的两个波的垂向振幅和相位；角标 i 为第 i 个入射波场；k 为研究区布设的 k 接收器。

每个入射波场都可以用 6 个参数描述，即拟合的两个平面波的相位，振幅和其与入射波场的夹角。据图 7 - 1(a) 表示的几何关系，令研究区振幅最大的接收器作为参考接收器，将其位置作为原点，x 轴方向为入射波场方向。则在 k 接收器处，两个平面波的相位可表示为：

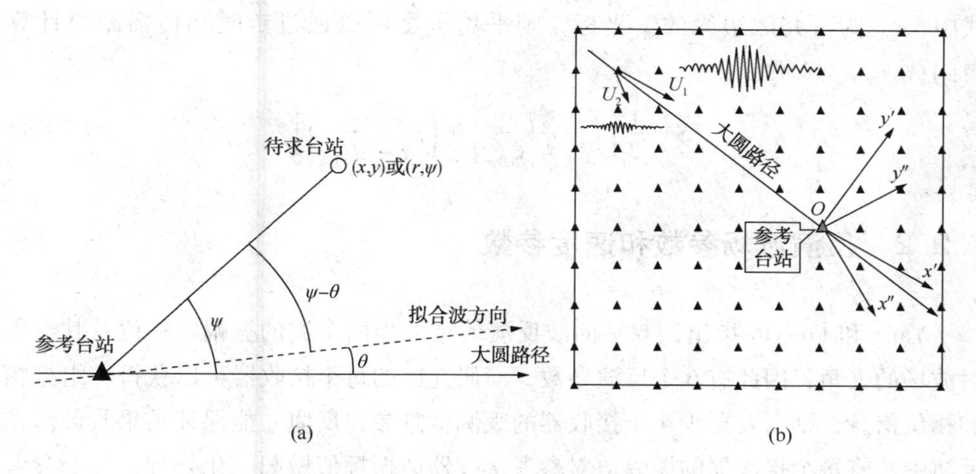

图 7－1　投影坐标示意图(a)及双平面波拟合模式(b)

$$ {}_{i}^{k}\phi_1 = {}_{i}^{0}\phi_1 + {}_{i}^{k}\bar{S}\omega\left[{}_{i}^{k}r\cos\left({}_{i}^{k}\psi - {}_{i}\theta_1\right) - {}_{i}^{k}x\right] + \omega\left({}_{i}^{k}\tau - {}_{i}^{0}\tau\right) \quad (7-2) $$

$$ {}_{i}^{k}\phi_2 = {}_{i}^{0}\phi_2 + {}_{i}^{k}\bar{S}\omega\left[{}_{i}^{k}r\cos\left({}_{i}^{k}\psi - {}_{i}\theta_2\right) - {}_{i}^{k}x\right] + \omega\left({}_{i}^{k}\tau - {}_{i}^{0}\tau\right) \quad (7-3) $$

式中，${}_{i}^{0}\phi_1$、${}_{i}^{0}\phi_2$为两个平面波在参考台站处的初始相位；等号右侧的第二项即为参考接收器与 k 接收器之间的相位差；${}_{i}^{k}\bar{S}$为整个研究区慢度的平均值；${}_{i}^{k}r$ 为参考接收器与 k 接收器之间的距离；${}_{i}^{k}\psi$ 为 k 接收器到参考接收器连线与入射波场方向之间的夹角；${}_{i}\theta_1$、${}_{i}\theta_2$分别为两个平面波的波场方向与入射波场方向之间的夹角；${}_{i}^{k}x$ 为 k 接收器的横坐标；${}_{i}^{k}\tau$ 为入射波场从边界处到 k 接收器的走时；${}_{i}^{0}\tau$ 为入射波场从边界处到参考接收器处的走时。

将研究区网格化，j 网格节点的相速度为：

$$ {}_{i}V_j = B_{0,j} + B_{1,j}\cos 2\,{}_{i}\theta_j + B_{2,j}\sin 2\,{}_{i}\theta_j \quad (7-4) $$

式中，$B_{0,j}$、$B_{1,j}$和$B_{2,j}$为速度的各向异性参数；${}_{i}\theta_j$为 j 节点与 x 轴的夹角。

坐标$(x，y)$处节点的慢度可利用二维高斯加权计算得到：

$$ {}_{i}S(x,\ y) = \sum_{j=1}^{N}\frac{{}_{i}w_j}{{}_{i}V_j} \Big/ \sum_{j=1}^{N}{}_{i}w_j \quad (7-5) $$

式中，L_w为加权函数的特征长度；N 为参与加权的节点数；${}_{i}w_j$ 为 j 节点的加权系数：

$$ {}_{i}w_j = \exp\left[-\frac{(x - {}_{i}x_j)^2 + (y - {}_{i}y_j)^2}{L_w^2}\right] \quad (7-6) $$

式中，$({}_{i}x_j,{}_{i}y_j)$为加权节点的坐标。

得到每个节点的慢度后，就可以利用其积分得到节点的旅行时：

$$ {}_{i}^{k}\tau = \int_{{}_{i}x_{\mathrm{edge}}}^{{}_{i}^{k}x} {}_{i}S\mathrm{d}x \quad (7-7) $$

式中，${}_{i}x_{\mathrm{edge}}$为研究区边缘的 x 坐标，则平均慢度可以通过走时和传播距离计算得到：

$$ {}_{i}^{k}\overline{S} = \frac{1}{2}\left[\left(\frac{{}_{i}^{k}\tau}{{}_{i}^{k}x - {}_{i}x_{\mathrm{edge}}}\right) + \left(\frac{{}_{i}^{0}\tau}{{}_{i}^{0}x - {}_{i}x_{\mathrm{edge}}}\right)\right] \tag{7-8} $$

7.2.2 反演波场参数和速度参数

Yang 和 Forsyth 指出，双平面波反演的结果为两个波的振幅、相位及其与入射波场的夹角，因此有 6 个反演参数，而研究区的每个接收器可以获得一组振幅和相位信息，则需要至少 4 个接收器的观测信息参与反演才能保证结果收敛。在反演中，将每个接收器的振幅值对参考接收器的振幅值做归一化处理，并令参考接收器处的反演初始相位为零。

反演的每一次迭代分两个阶段，在第一阶段，节点的速度值为初始值或上一次反演的结果，通过模拟退火方法反演两个平面波的振幅、相位以及传播角度。在反演的第二阶段，利用 Tarantola 提出的广义线性反演方法计算速度模型和双平面波参数的改正量，其反演解为：

$$ \Delta m = (G^{T}C_{nn}^{-1}G + C_{mm}^{-1})^{-1}[G^{T}C_{nn}^{-1}\Delta d - C_{nn}^{-1}(m - m_{0})] \tag{7-9} $$

式中，m_0和 m 分别为反演的初始模型和迭代模型，模型由节点的速度和双平面波参数构成；Δm 为模型改正量；Δd 为迭代模型的预测值与数据的实测值之间的差异；G 为偏导矩阵或敏感度矩阵，反映模型扰动对数据变化的敏感度；C_{nn}和 C_{mm}分别为数据和模型的先验协方差矩阵。

反演得到的结果为研究区所有节点在某一频率的相速度值，对每个频率的相速度进行反演，就得到了所有节点的频散曲线。

7.3 应用实例

7.3.1 观测系统及互相关函数

案例所在地区位于新疆准噶尔盆地，区内赋存某矿区斑岩铜矿 V 号矿体，布设 35 个宽频带地震仪和 6 组 2.5Hz 检波器组成的观测系统(图 7－2)。地震仪以较大的间距布设于整个研究区，其中，24 个地震仪以 6 行 4 列的形式布设覆盖于研究区内部区域，每行每列的间距均为 1km，8 个地震仪按矩形布设于研究区外围，东西向间隔为2.5km，南北向间隔为3.5km，还有3个地震仪布设于研究区中心南北向的轴线上，间距1km。将研究区划分为6个子区域，检波器按7行8列滚动布设于每个子区域上，每行和每列的检波器间距均为200m，其中每个相邻的区块在边界处重叠200m。

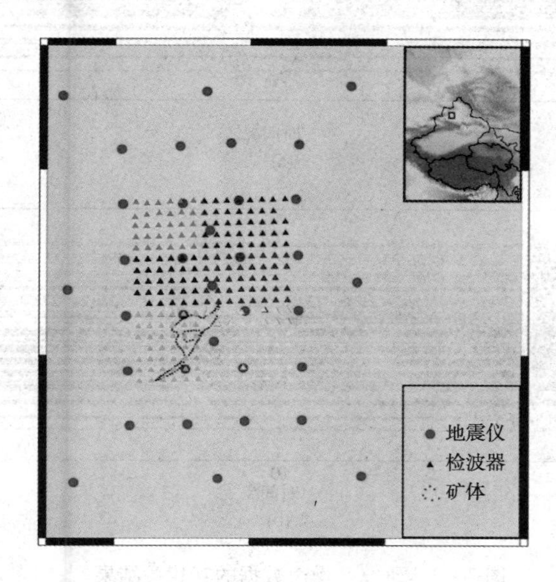

图7－2　观测系统图

首先对每个台站和检波器的数据进行预处理，然后将宽频带地震仪所在位置视为虚源，以1小时分段，令每个地震仪分别和所有检波器数据进行互相关运算，计算时需挑选地震仪与检波器采集时间相同的时段进行处理，最后对互相关结果进行叠加即可获得信噪比较高的格林函数。

图7－3(a)为某个宽频带地震仪与一个子区域内所有检波器互相关得到的格林函数。由图可知，互相关函数的正负分量是不对称的，正半轴分量的信号频率比负半轴分量信号的频率更低，这可能是由于来自不同方位噪声源的信号频带差异造成的，将互相关结果的负半支反序后与与正半支叠加，叠加结果作为虚源的地震记录[图7－3(b)]，由图中可见清晰的面波信号同相轴。对每一个虚源记录利用 Butterworth 双通四级点滤波器进行带通滤波，若滤波器的中心频率小于3Hz，则通带宽度设置为1Hz，若滤波器的中心频率大于3Hz，则通带宽度设置为2Hz。滤波后得到的面波信号通过矩形窗切出，窗口宽度为信号周期的两倍。进行双平面波成像之前，在笛卡尔坐标系下将研究区域网格化，每个检波器阵列覆盖的子区域大小为1.2km×1.4km，网格化区域略大于阵列布设的区域范围，共由224个节点组成，节点间距在x和y方向均为0.1km。

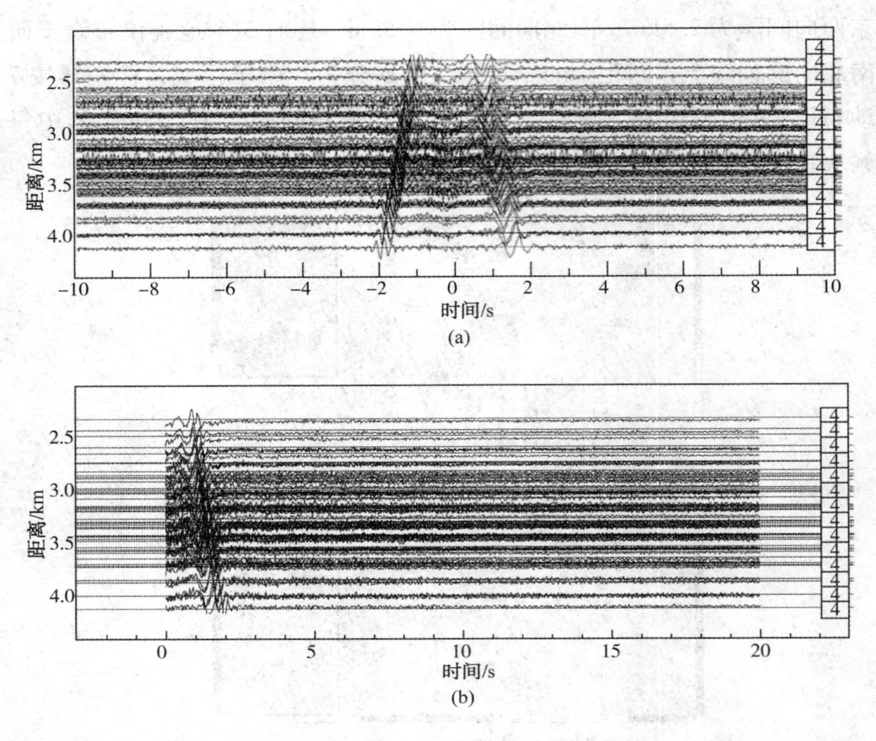

图 7－3　研究区噪声数据的互相关结果

7.3.2 层析成像

通常在进行层析成像之前，需要对成像系统进行检测板测试，以确定成像结果的可靠度。在本例中，为了验证双平面波方法在该地区浅层结构成像中的适用性，首先设置检测板模型［图 7－4(a)］，输入模型由 500×300×150 网格点构成，网格间距 10m，模型大小在 y、x、z 方向分别为 5km、3km、1.5km，模型设置为均匀各向同性，横波速度为 2km/s，纵波速度为 3.2km/s，密度为 2×10^3 kg/m^3。在模型中部设置一个 1.2km×1.4km 大小的检测板，检测板中设置 12 个 0.4km×0.4km 的异常体，异常体相间排列，正负异常偏离正常横波速度值 ±10%，其他参数保持不变。异常区域设置 56 个检波器，排列方式与实际观测系统相同。在距离检测板中心点 2～3km 的区域内以 45°方位角的间隔设置 8 个震源，激发产生地震波，震源为主频 10 Hz 的雷克子波，利用有限差分方法对三维空间的波场进行模拟。获得模拟记录后，将检波器阵列覆盖区域网格化，网格化区域大于阵列的范围，以吸收较复杂的波场变化，然后利用双平面波方法对网格化区域各频率的相速度成像。图 7－4(c)(d)(e)分别为频率为 2Hz、3Hz 和

4Hz 的相速度异常图，可见，检测板内的速度异常模式得到了较好的反映。在检测板实验中，震源的分布方式与研究区实际宽频台站(虚源)的布设方式不一致，但是，成像区域的检波器阵列与实际布设的观测系统完全一致，故检测板实验可以证明双平面波方法在这一观测系统下的有效性。Yang 和 Forsyth 指出，双平面波成像的关键是震源应满足在台阵区域周围方位角均匀分布，在实际数据采集中布设的宽频台站(虚源)满足方位角均匀分布的条件，并且其数量大于检测板实验中设置的震源数量，因此，检测板测试结果表明，利用双平面波方法对实际研究区进行成像是适用的。

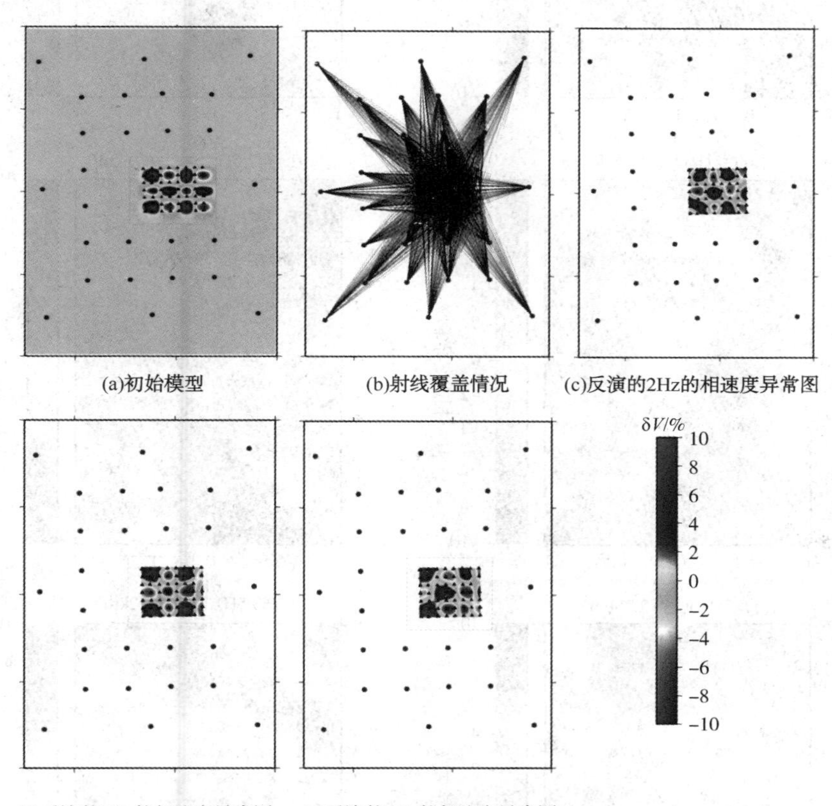

图 7-4　检测板测试结果

根据上文所述检波器阵列滚动布设于研究区的 6 个子区域，每个区域与相邻区域在边界处重叠 200m，重叠区域的节点相速度由相邻区域成像结果平均得到。双平面波拟合的相速度初始值由研究区的先验资料给出，根据研究区得到的格林函数的主要能量频带分布，本例选择对 2Hz、2. 5Hz、3Hz、3. 5Hz、4Hz 和 4. 5Hz 频率的相速度进行成像。

图 7－5 为双平面波层析成像得到的 2～4. 5Hz 的面波相速度相对于区内平均

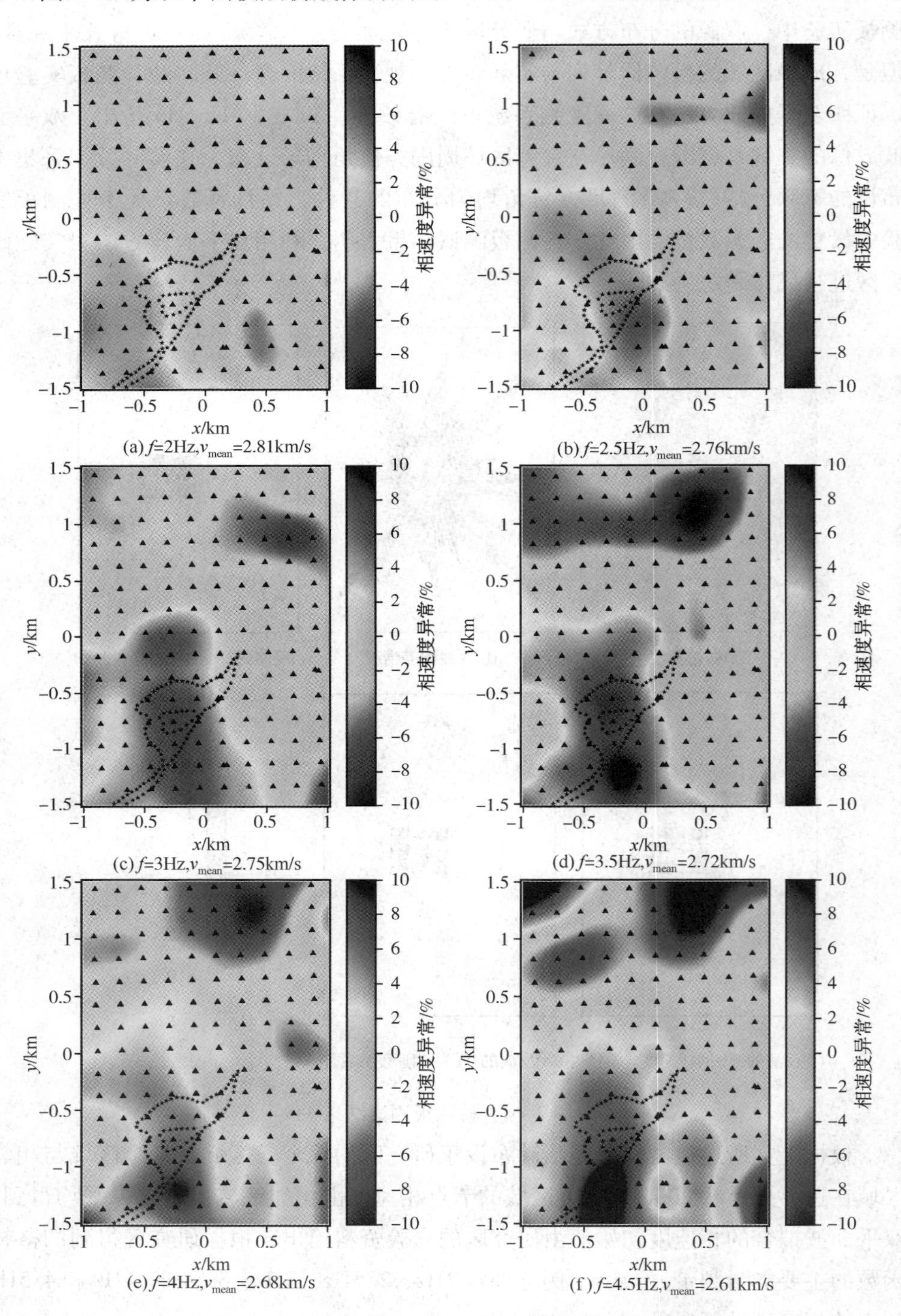

(a) f=2Hz, v_{mean}=2.81km/s

(b) f=2.5Hz, v_{mean}=2.76km/s

(c) f=3Hz, v_{mean}=2.75km/s

(d) f=3.5Hz, v_{mean}=2.72km/s

(e) f=4Hz, v_{mean}=2.68km/s

(f) f=4.5Hz, v_{mean}=2.61km/s

图 7－5　研究区 2～4. 5Hz 频率的相速度异常图

速度的异常图，可见高速异常位置与区内Ⅴ号斑岩铜矿体吻合较好。根据相速度成像的结果，提取成像区每个节点的频散曲线，根据频散曲线频带范围和预期探测深度，将研究区地下介质划分为10层，固定每层厚度为0.1km，利用CPS程序包反演每条频散曲线下方的横波速度，反演出每个网格节点下方的一维横波速度结构后，再联立所有一维横波速度结构，就得到了整个研究区的三维横波速度分布情况，如图7－6所示为深度为0.3km、0.4km、0.5km和0.6km时的横波速度异常切片图，可见高速异常体与Ⅴ号矿体吻合较好，在0.6km处异常体减弱，这表明矿体底界在0.6km附近。前期的地球化学探测结果也表明，区内地层铜的含量在0.3～0.7km深度范围内出现峰值。

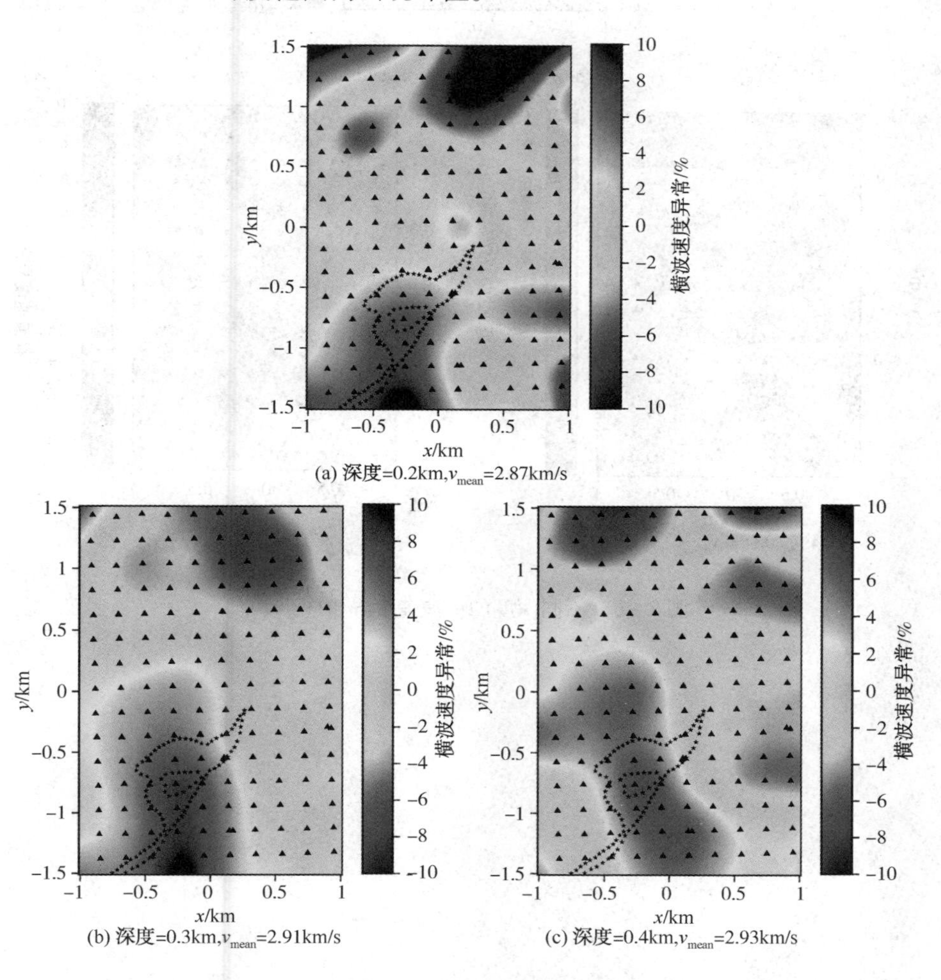

图7－6　不同深度的横波速度异常图

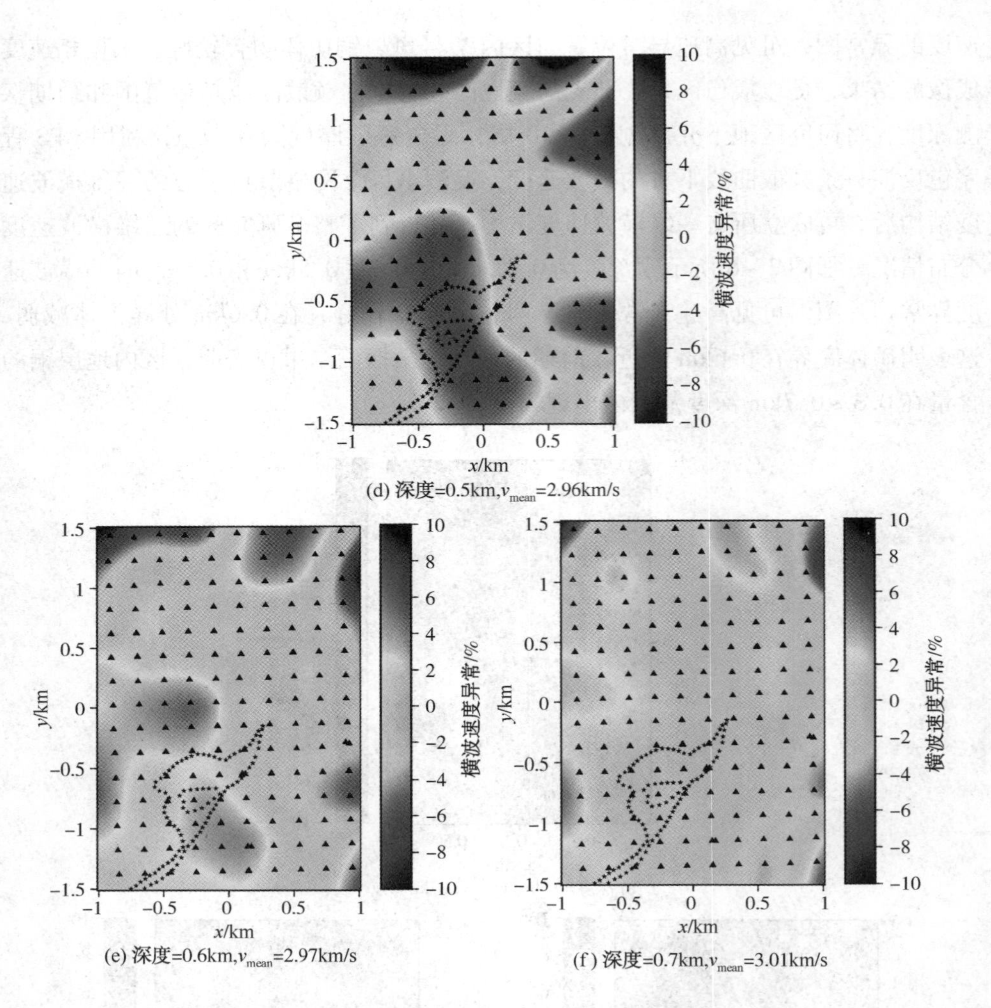

图 7－6　不同深度的横波速度异常图(续)

第 8 章 人工源与噪声源面波联合成像技术

自面波成像方法问世以来，人工源面波成像与噪声源面波成像均已在工程勘察、近地表探测以及地壳结构探测等领域有了广泛的应用，然而二者的联合成像在近几年才逐渐开始应用。2005 年，Park 等利用人工激发的人工源与被动噪声场的面波数据进行了联合勘察的研究，指出联合成像能够拓展探测的深度，并提高了高阶模式频散曲线的分辨率。2010 年，王建文等利用该双源采集系统对陕北柠条塔井田煤层进行了观测，通过频谱特征对采空区进行了综合解释。2010 年，Ekrem 等联合人工源与噪声源的面波数据，利用 MASW 方法、H/V 谱比法及微动台阵法（MAM）对土耳其伊兹米特海湾地区沉积盆地的横波速度结构进行了成像，相比传统方法提高了探测的精度以及深度，其结果与区内 PS 波测井资料结果一致。2012 年，张维介绍了 MASW 技术与 SPAC 技术在浅层速度结构探测中的联合应用。2016 年，Lin 等在同一条测线上利用检波器与宽频地震仪采集了人工源和天然源的面波信号，通过拉东变换和时频分析的方法获取了人工源和天然源的面波基阶模式频散曲线，反演得到了研究区的横波速度剖面，相比仅利用人工源面波数据，联合成像的方法显著的提高了勘探的最大深度。

根据上述研究可知，人工源与噪声源面波成像的主要区别在于信号源的不同，人工源信号通常频率较高，低频段信息不足，探测的深度较浅；噪声源信号能量较弱，但是频带较宽，其中的高频成分损失较快，对近地表地层分辨能力较差，然而通过互相关技术可以恢复出较低频的面波信号（经验格林函数），低频信号可以达到较深的探测深度。因此联合人工源和噪声源信号提取的频散曲线，然后进行反演可以实现优势互补，增大探测的深度，同时对浅部地层的信息也有较好的反映。本章给出双源面波联合成像的技术流程，并利用多道面波分析技术和背景噪声技术分别对渭河平原北部黄土塬某研究区采集的人工源和噪声源的面波信号进行处理，获得双源信号的频散曲线，然后联合频散曲线进行反演，生成二维横波速度剖面，对区内黄土覆盖层的厚度进行评估。

8.1 双源面波成像技术流程

本章介绍人工源多道面波分析与噪声源背景噪声技术联合成像的常用技术流程，流程如图 8-1 所示，具体可以分为 3 个步骤：

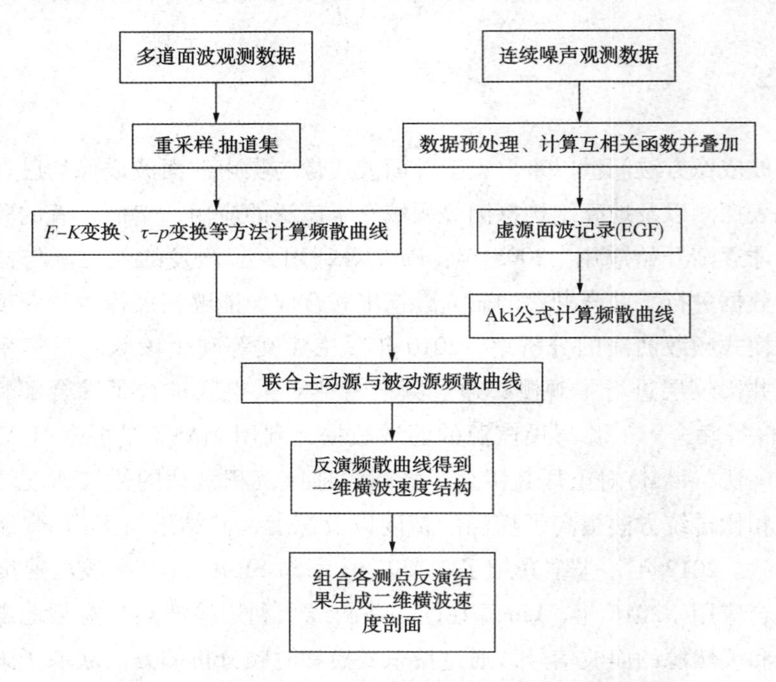

图 8-1 人工源与噪声源面波联合成像技术流程图

(1) 利用宽频地震台站采集噪声数据，经过预处理、互相关运算及叠加得到面波的经验格林函数，同时利用多道面波观测系统采集人工源面波数据，抽道集获得与噪声数据同观测点的炮集记录。

(2) 通过 Aki 法和 $F-K$ 变换、$\tau-p$ 变换等方法分别计算噪声源和人工源面波的频散曲线。通常噪声源信号来自于持续存在的噪声振动，其信号频带较宽，可以获得较低频段的频散曲线信息，而人工源信号通常由人工激发，其信号频率较高，通常在 10Hz 以上，低频段的信息不足，但是高频能量较强，对浅部地层信息有较好的反映。图 8-2 为某地实际采集的人工源和噪声源信号的频谱，黑色曲线表示噪声源面波信号的归一化振幅谱，频谱能量主要分布在 3~20Hz 频带内，蓝色曲线为人工源面波信号的归一化振幅谱，其能量主要分布在 15 ~45Hz 频带内，因此若将噪声源与人工源信号计算得到的频散曲线组合，可以得到更宽频带的相速度信息，使探测深度增大，并且仍对浅部地层有较好的分辨能力。

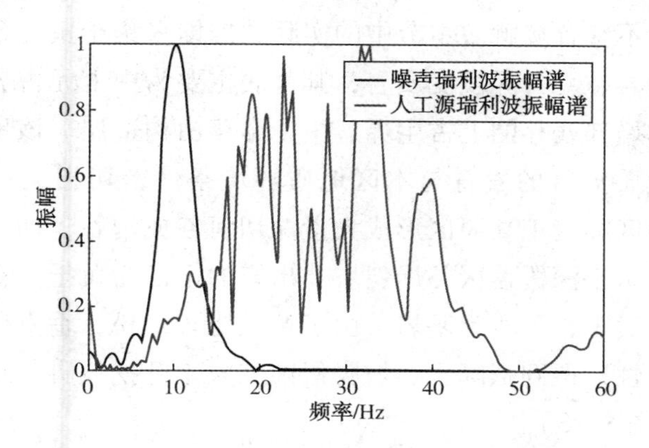

图 8 - 2　人工源与噪声源信号的频率域振幅谱

(3)计算得到的频散曲线实际是由离散的相速度点拟合得到的，因此，得到每个测点的人工源和噪声源计算结果后，应将所有离散的相速度点绘制在横轴为频率、纵轴为速度的坐标系中，将它们作为观测值。然后通过先验资料估计初始地层模型，并利用阻尼最小二乘法或遗传算法等反演方法对地层结构进行反演，不断修改模型。对每次迭代得到的新模型正演其频散曲线，并计算频散曲线与观测相速度之间的残差，如果残差不满足迭代终止条件，则进行下一次反演，直到残差满足终止条件或达到最大迭代次数。对每个观测点的频散曲线进行上述联合反演过程，即得到所有测点下方的一维横波速度结构，组合所有测点的反演结果，就生成了测线下方地层的横波速度剖面。

8.2　应用实例

8.2.1　地质背景条件

本节结合鄂尔多斯盆地黄土塬地区的实例对双源面波联合成像的优势和效果进行介绍。成像地区位于秦祁昆造山带与鄂尔多斯盆地结合部位。南部以渭河盆地为界，与秦岭造山带相接，由南向北跨越渭河地堑和黄土台塬区，区内构造受渭河地堑断裂系统控制，发育北西向和近东西向断裂构造，北部发育渭河高阶地组成的黄土台塬。

根据构造变形变质程度、沉积建造及岩浆活动差异，可将该地区划分为3个构造层，从下至上依次为加里东期构造层、燕山期构造层和喜山期构造层，构造层之间均为不整合接触。本节中的实际数据即采集于黄土台塬地区，区内出露熊耳群火山岩、元古界浅变质岩，其基底主要为中上元古界、下古生界的加里东构造层和局部残存的上古生界、中生界燕山构造层。该地区也是地质灾害的高发区，地质灾害的发育与本区地质环境条件密切相关，第四纪地壳隆升，在黄土台塬区和黄土高原区形成大量深切河谷或沟谷，加之区内黄土堆积厚度比较大，在黄土深覆盖区谷岸斜坡上出露的全部为黄土，在黄土浅覆盖区谷岸斜坡上段为黄土，下段为基岩。由于黄土比较疏松，垂直节理和大孔隙发育，且具有湿陷性，遇到强降雨、坡脚侵蚀和人工开挖坡脚，黄土斜坡很容易失稳发生滑塌(图8－3)。

(a)

(b)

图8－3　黄土陷穴(a)和黄土芽(b)

案例地区黄土沉积层直接与下覆中生界岩石地层接触，中生界地层岩石的地震波速度一般超过3000m/s，密度达到2.3×10^3kg/m^3；而黄沙土的速度仅为300～500m/s，密度为1.65×10^3kg/m^3，二者速度和密度差异都很大，形成一个较强的波阻抗界面，使得所激发的地震波能量大部分在该界面(基岩面)以浅传播，基岩面的地震波强反射给地震探测黄土盖层厚度及其分层变化提供了很好的物性前提。在黄土中传播的横波速度与土层内的孔隙度具有较强的相关性，孔隙比越大，其横波速度越小，反之则横波速度越大，二者为反比关系。另外若黄土的黏粒含量越高，密度越大，则波速也会越大。当黄土地下存在断层或地质分界面时，会形成明显的波阻抗差异，这为本研究应用面波方法探测黄土覆盖区的厚度和分层提供了基础。

8.2.2 观测系统与资料处理

本例采集实际数据的地点位于草滩营黄土覆盖区内，属于渭河的高阶地，地势从南向北呈阶梯状抬升，地面高程从850m逐渐升高到950m，每个阶地上地形平坦，地面向南部的渭河方向微倾，倾角1°~3°。区内共设计两条近南北向测线，长度分别为1.5km和3.5km，凤翔县城坐落于测线南侧延伸线上，噪声源噪声信号的来源即为凤翔城区的交通、工程施工等人类活动引起的持续振动。人工源面波采用SE2404EI综合工程地震仪和多道面波采集系统采集[图8-4(a)]，检波器主频4.5Hz，震源由一80kg重锤垂向敲击铁板激发，铁板与地面耦合，根据野外工作的实际地形条件，检波器排列长度为24~40道不等，道间距4m，最小偏移距8m，采样间隔0.25ms。噪声源信号通过两台EDAS-24M型号三分量宽频带地震仪采集[图8-4(b)]，采样间隔5ms，为保证噪声源信号的测点与人工源信号的测点一致，在每一个测点观测时，两个宽频地震仪分别布设于该测点的多道检波器排列的首尾道近旁，每个测点连续记录时长约2.5h，每日完成3~4个测点的观测，共完成两条测线35个测点的观测。

(a) (b)

图8-4 人工源多道面波采集系统(a)及宽频带地震仪(b)

研究区内噪声源主要来自测线向南延伸线上的凤翔城区及周边县镇的人类活动引起的持续振动，对采集到的人工源和噪声源信号利用第3章和第6章所述的方法进行处理。图8-5为第十六个测点采集到的人工源和噪声源数据及处理结果，图8-5(a)为重锤激发的原始的多道面波记录，面波同相轴清晰可见，利用

$F-K$ 变换提取出基阶和第一高阶模式的频散曲线[图 8－5(c)]，频散曲线的频带在 10～45Hz 范围内。图 8－5(b)为该测点采集的噪声记录的互相关函数，利用 Aki 公式可计算出其频散曲线[图 8－5(d)]，计算时将人工源计算的基阶频散曲线作为参考值以保证结果的正确性，噪声源频散曲线的频带在 5～12Hz 范围内。利用上述方法对研究区每个测点的数据进行处理，图 8－6 列举了另一个测点的原始记录和处理结果。

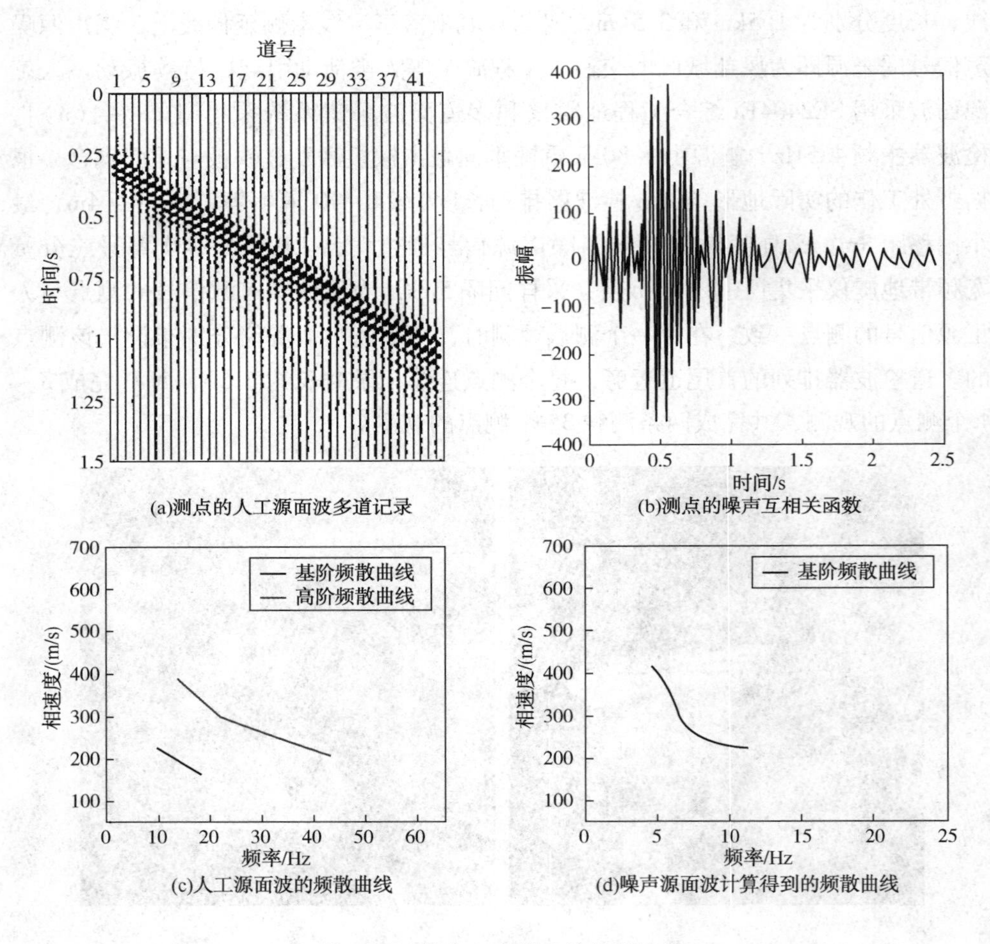

图 8－5　第十六个测点的处理结果

图 8－7(a)为一号测线上所有测点的基阶频散曲线计算结果，图 8－7(b)为该测线上所有测点的高阶频散曲线计算结果，图 8－8(a)为二号测线所有测点的基阶频散曲线计算结果，图 8－8(b)为该测线所有测点的高阶频散曲线计算结果。测区内的部分测点仅能提取出基阶频散曲线，因此，总的高阶频散曲线数比基阶频散曲线少。

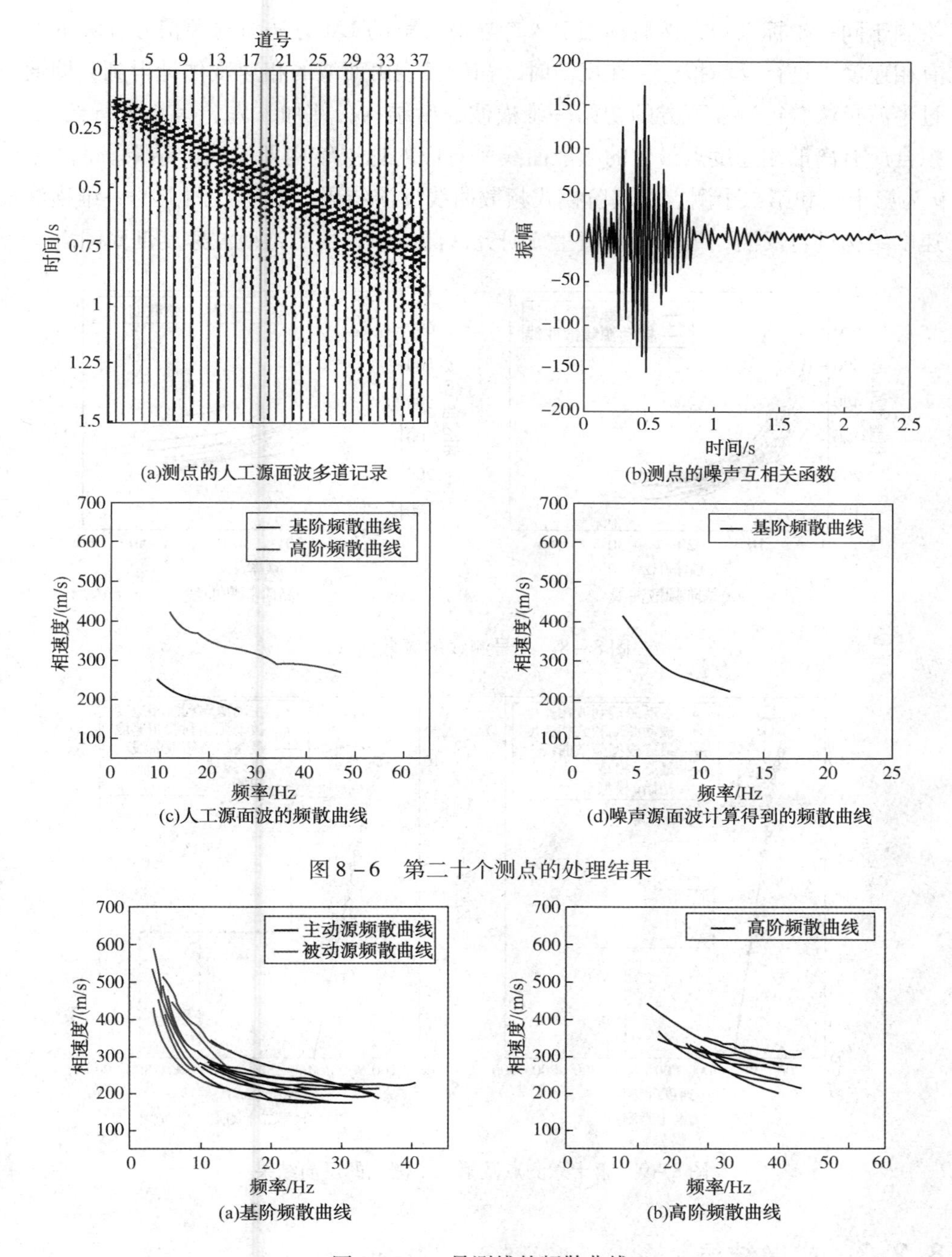

图 8－6　第二十个测点的处理结果

图 8－7　一号测线的频散曲线

由第 3 章内容可知，人工源面波的频散曲线由频散能量谱中的峰值点所代表的相速度值拟合得到，噪声源面波的频散曲线由 Aki 公式计算的离散相速度点拟合得到，因此，在联合成像中，将人工源与噪声源面波计算出的离散的相速度点绘制于同一坐标系中，然后利用引入奇异值分解的 LM 方法对双源信号计算的所有相速度点进行反演拟合，在反演时，初始模型由面波的相速度估计得到，即通过半波长法获得测点下方的初始一维横波速度结构，并加入先验信息进行约束，拟合所有离散相速度点最佳的频散曲线所对应的地层结构即反演的结果。图 8－9 为第十六和第二十测点的基阶模式频散曲线反演结果。对所有测点的一维横波速度结构进行反演，最后可插值生成研究区测线下方的二维横波速度剖面图。

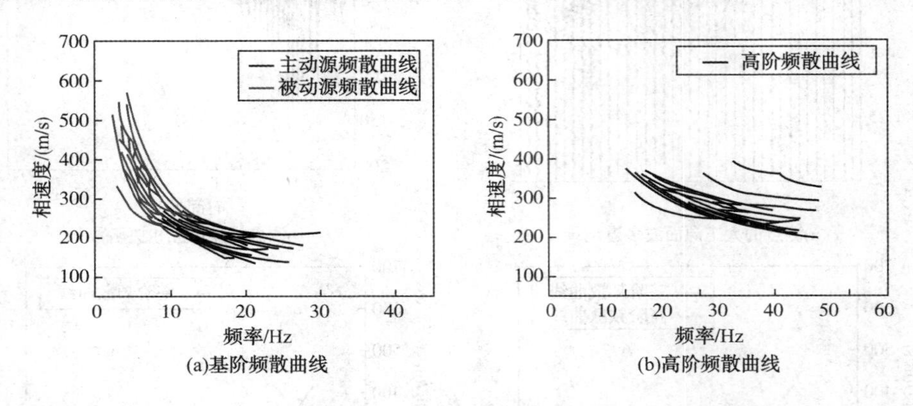

图 8－8　二号测线的频散曲线

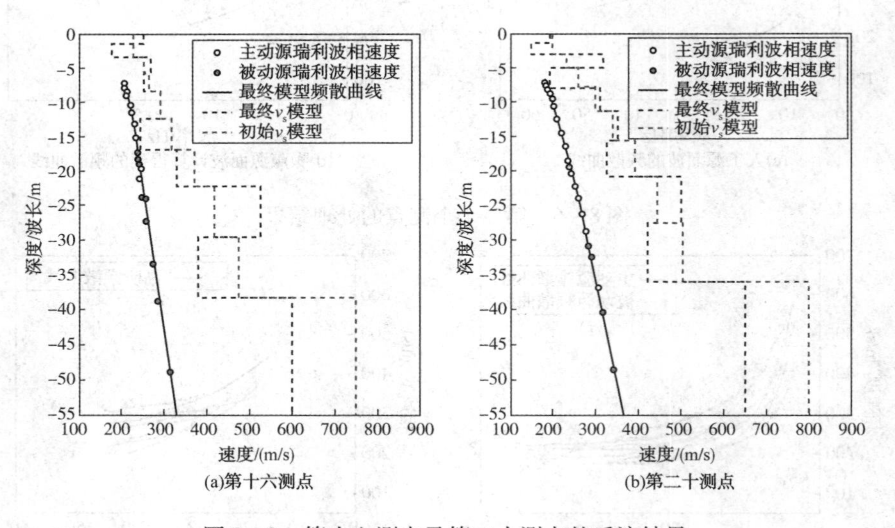

图 8－9　第十六测点及第二十测点的反演结果

8.2.3　成像结果

依据中华人民共和国住房与城乡建设部颁布的《建筑设计抗震规范》GB50011—2010，本案例将横波速度为 300m/s 的界面视为黄土覆盖层的底界，

图 8－10 和图 8－11 分别为计算得到的一号测线和二号测线的二维剖面，为了进一步分析人工源与噪声源联合反演的优势，分别对测点单独的人工源或噪声源数据进行反演成像，得到仅利用人工源或噪声源数据生成的二维横波速度剖面。

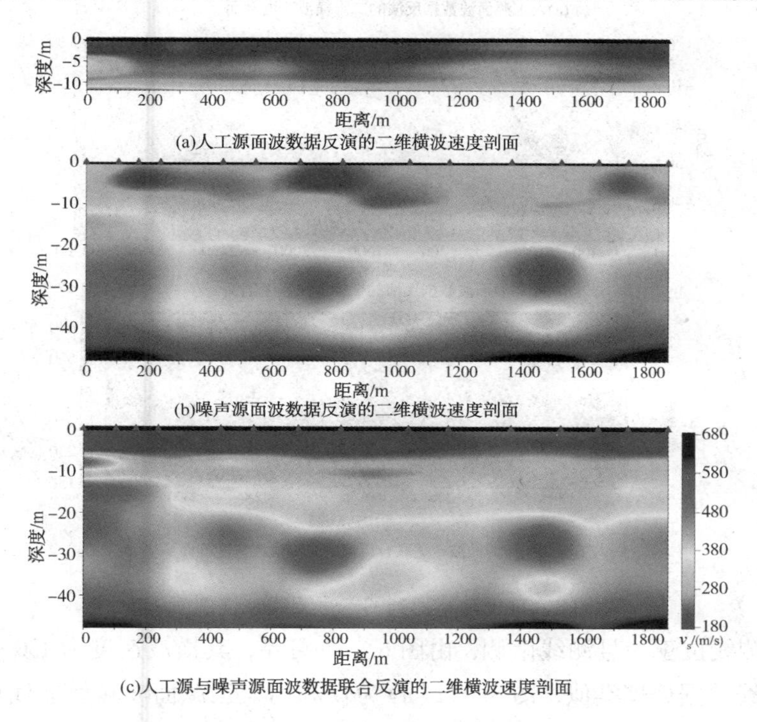

图 8－10　计算得到的一号测线二维剖面

一号测线位于测区北部，由图 8－10 可见，其横波速度为 170～700m/s，其中图 8－10(a)为仅利用人工源面波频散曲线反演得到的横波速度剖面，剖面深度为 11m 左右，该深度范围内横波速度低于 200m/s，主要为松散的黄土堆积。图 8－10(b)为仅利用噪声源噪声面波频散曲线反演得到的横波速度剖面，由于噪声源面波低频成分较发育，因此反演的深度更深，剖面深度达到 45m，然而剖面 0～10m 的近地表处成像的分辨率较低，这是由于噪声源数据中高频面波成分较弱造成的。图 8－10(c)为利用人工源与噪声源面波联合反演得到的横波速度剖面，该剖面深度也达到了 45m，同时，近地表的速度结构也得到了较好的分辨。根据建筑设计抗震规范，若以 300m/s 为界对剖面进行分层，小于 300m/s 范围的地层视为松散的黄土覆盖层，由图 8－10(c)可见一号测线黄土覆盖层厚度约为 15～22m。测线北端 0～300m 的 10～20m 深度地层速度较大，上覆黄土层减薄，该位置处为一古河道，后经人工填埋，推测高速体由河道内沉积的砾石层引起。

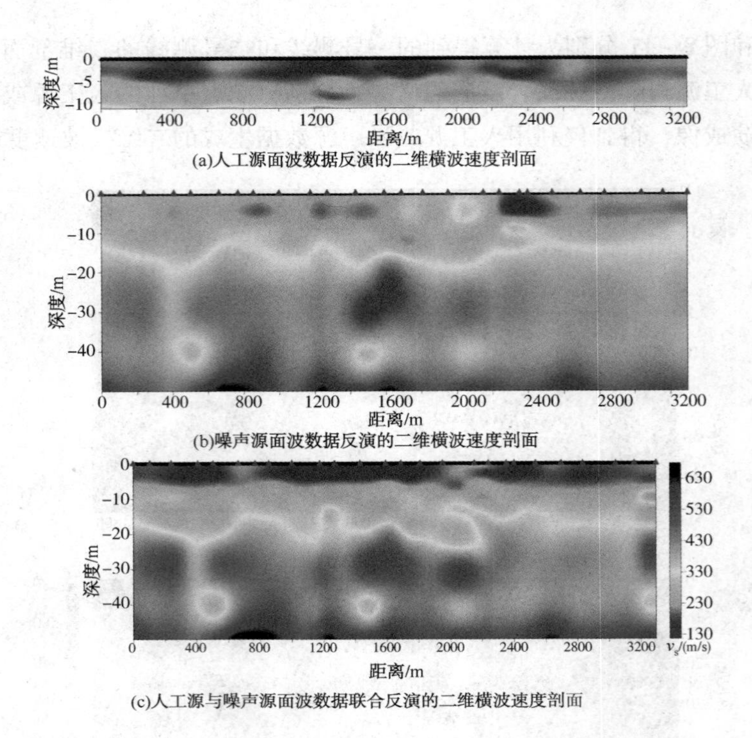

(a)人工源面波数据反演的二维横波速度剖面

(b)噪声源面波数据反演的二维横波速度剖面

(c)人工源与噪声源面波数据联合反演的二维横波速度剖面

图 8－11　计算得到的二号测线二维剖面

二号测线位于一号测线南侧，由图 8－11 可见，其横波速度为 130～680m/s，与一号测线数据处理类似，图 8－11(a)为仅利用人工源面波频散曲线反演得到的横波速度剖面，剖面深度约为 11m。该深度范围内横波速度低于 200m/s，主要为松散的黄土堆积。图 8－11(b)为仅利用噪声源噪声面波频散曲线反演得到的横波速度剖面，由于噪声源面波低频成分较发育，因此反演深度更深，剖面深度达到 49m，然而剖面 0～10m 的近地表处成像的分辨率较低。图 8－11(c)为利用人工源与噪声源面波联合反演得到的横波速度剖面，该剖面深度也达到了 49m，同时近地表的速度结构也得到了较好的分辨。仍以 300m/s 为界对剖面进行分层，小于 300m/s 范围的地层视为松散的黄土覆盖层，由图 8－11(c)可见，二号测线黄土覆盖层厚度约为 10～15m，黄土层与下方岩层呈不整合接触，黄土与岩层分界面下方存在不规则高速异常体，推测为中密、稍密的碎石土沉积。

测区实际采集的噪声源面波信号的能量在低频段较为发育，因此，噪声源成像结果的探测深度更大，在测区内探测深度达到 45～50m，而仅利用人工源面波信号进行探测，反演深度仅有 11～13m。当利用双源信号进行联合成像时，探测深度与噪声源成像的深度相同，并且由于人工源信号补充了高频段的频散信息，因此浅部结构比仅利用噪声源成像效果更好。

第9章

面波 Q 值成像技术

品质因子 Q 值是地震波衰减的一个重要物理参数，通常被定义为当波传播一个波长 λ 的距离后，原来储存的能量 E 与耗散的能量 ΔE 之比的 2π 倍，它描述了介质的非完全弹性特征。一般来说，介质 Q 值与地层物性和结构特征相关。品质因子 Q 作为表征介质吸收衰减性质最常用的参数，不仅是估算和补偿地下介质对地震波能量吸收的重要依据，而且在预测岩性、指示油气藏位置、范围等方面发挥着越来越大的作用。

在油气资源勘探领域，我国塔里木盆地、鄂尔多斯盆地、松辽盆地、南华北盆地群等主要油气资源富集区的近地表往往存在压实程度较低的沉积层，近地表未成岩地层对地震波的吸收衰减强烈，严重降低了资料的垂向分辨率，造成含油气储层的探测、识别难度大。此外，也有研究表明，在川东北等碳酸盐岩裸露区，由于近地表岩石破裂、溶洞和裂隙的发育，也会对地震波产生强烈的吸收衰减作用，使得成像质量变差，地质构造解释困难。因此，开展沙漠、黄土等疏松沉积层覆盖区和碳酸盐岩裸露区近地表地震波吸收衰减特性的定量分析，建立地震波吸收衰减的 Q 值模型，对于提高地震资料品质和实现高分辨率勘探具有重要意义。

在岩石圈成像方面，品质因子 Q 值是度量地球介质非完全弹性和非均匀性的重要物理参数，研究固体地球对地震波的吸收衰减特性，能够揭示地壳地幔物质的物理化学性质，在确定低速带、软流圈与岩石圈分界面等方面具有重要意义。地壳和上地幔的 Q 值通常与构造活动相关，稳定地区的品质因子值明显高于构造活动地区，且地震波的衰减比传播速度对地球结构和组成的变化更加敏感。对岩石圈衰减结构和品质因子的研究，将有助于人们对地球构造活动性、动力学特性、热结构及黏滞结构进行进一步深入认识。目前，人们对于地球内部衰减结构的研究远少于对波速结构的研究，这是因为地震波振幅衰减除了受介质本身的滞弹性影响外，还受到震源强度、方位各向异性及结构非均匀性的影响。

在近地表勘探及岩石圈尺度的地下结构研究中，地震面波在接收器采集的地震信号中通常都具有较高的信噪比，且较易识别，其振幅变化对地下介质的衰减特性敏感，利用面波的衰减特性进行地球内部衰减结构和品质因子研究具有一定的优势。本章主要对面波 Q 值计算方法进行介绍。

9.1 面波反演 Q 值原理

在利用面波估计 Q 值方面，通常利用面波中的瑞雷波。瑞雷波质点在竖直平面内振动，由地下介质中传播的纵波和 SV 型横波干涉形成。任意两点的面波振幅谱可表示为：

$$R_1(x, f) = S_0(f)\mathrm{e}^{-\alpha x}\mathrm{e}^{i[k-k_0(f)]x} \tag{9-1}$$

$$R_2(x+\mathrm{d}x, f) = S_0(f)\mathrm{e}^{-\alpha(x+\mathrm{d}x)}\mathrm{e}^{i[k-k_0(f)](x+\mathrm{d}x)} \tag{9-2}$$

式中，$R_1(x, f)$ 和 $R_2(x+\mathrm{d}x, f)$ 分别为随频率变化的振幅谱；$S_0(f)$ 为震源函数；α 和 k 分别为衰减系数和波数；$\mathrm{d}x$ 为两个接收点之间的间距。

振幅谱可以通过计算得到，因此，衰减系数可以通过式(9-1)代入式(9-2)并取对数后获得：

$$\alpha = -\frac{\ln\left[\left|\dfrac{R_2(x+\mathrm{d}x, f)}{R_1(x, f)}\right|\right]}{\mathrm{d}x} \tag{9-3}$$

通常我们假设地球为层状模型，则层状模型中纵波速度、横波速度、瑞雷波衰减系数和品质因子 Q 之间的关系公式已由 Anderson 给出：

$$\alpha(f) = \frac{\pi f}{v_{\mathrm{R}}^2(f)}\left[\sum_{i=1}^{n} P_i(f)\, Q_{\mathrm{P}i}^{-1} + \sum_{i=1}^{n} S_i(f)\, Q_{\mathrm{S}i}^{-1}\right] \tag{9-4}$$

式中，$\alpha(f)$ 为面波的衰减系数；$Q_{\mathrm{P}i}^{-1}$ 为介质对地震纵波的品质因子的倒数；$Q_{\mathrm{S}i}^{-1}$ 为介质对地震横波的品质因子的倒数。

由于面波具有频散效应，不同的频率成分具有不同的传播速度和穿透深度，对地下不同深度处的介质敏感性不同，因此其衰减系数也为一个随频率变化的量。式(9-3)中，$P_i(f)$ 和 $S_i(f)$ 分别为纵波、横波速度与瑞雷波速度对纵波、横波速度偏导数的乘积：

$$P_i(f) = V_{\mathrm{P}i}\frac{\partial v_{\mathrm{R}}(f)}{\partial V_{\mathrm{P}i}} \tag{9-5}$$

$$S_i(f) = V_{\mathrm{S}i}\frac{\partial v_{\mathrm{R}}(f)}{\partial V_{\mathrm{S}i}} \tag{9-6}$$

以上公式表明，面波衰减系数和品质因子之间为线性关系。需要注意的是，面波的衰减也为与频率有关的量。夏江海和Gao等推导了多模式面波频谱与地层衰减系数的关系，并指出利用面波振幅和相位信息不仅可以反演横波品质因子 Q_S，也可以在横纵波速比(v_S/v_P)满足大于0.45的条件下反演纵波品质因子 Q_P。

在反演前，首先利用面波频散反演建立近地表横波速度模型，得到近地表速度模型后，就可以利用式(9－3)建立反演系统，由于方程为线性方程，因此可以以线性反演算法中的阻尼最小二乘法进行反演。

在反演之前，首先分析品质因子 Q_p 和 Q_S 对初至波和面波衰减的贡献，假设近地表介质划分为 N 个网格，共 M 个检波器接收，则可以建立 Q_p、Q_S 和面波之间的反演系统，计算 Q_p 和 Q_S 对面波衰减的雅克比矩阵 J_R，并令 $\overrightarrow{Q_R}=(Q_{R_1},\ Q_{R_2},\ Q_{R_3},\ \cdots,\ Q_{R_N})$，$\overrightarrow{Q_P}=(Q_{P_1},\ Q_{P_2},\ Q_{P_3},\ \cdots,\ Q_{P_N})$，可得：

$$[\overrightarrow{J_R}](\Delta\overrightarrow{Q_P},\ \Delta\overrightarrow{Q_S})=(\Delta\vec{\alpha}) \tag{9-7}$$

式中，$\vec{\alpha}$ 为在各个检波器观测得到的面波的衰减系数向量。

式(9－6)表示面波的 Q 值层析方程，其与 Q_p 和 Q_S 皆相关，这是因为面波由纵波和横波干涉形成，因此，其衰减同时受 Q_p 和 Q_S 控制。

9.2 应用实例

堪萨斯大学的面波研究团队曾在美国亚利桑那州沙漠地区，用4.5Hz垂向分量的检波器采集了60道面波数据(图9－1)，检波器以1.2m的间隔布设，最小偏移距为4.8m，震源由一个从2m高度处自由下落的物体垂直敲击铁板激发产生，检波器采样频率为1000Hz，采样点数1024个。

在 Q 值反演中，一般将地下介质视为层状模型，模型分层数根据数据的质量确定。模型的第一层通常不是地质层位，大多数情况下，选择10～15层的层状模型对地下结构建模，以保证反演结果的分辨率。在这个案例中，设定模型总厚度为20m，将模型划分为10层。首先采用多道面波分析方法获得测区的横波速度模型，并利用初至波和折射波获得测区的纵波速度模型，然后利用式(9－3)计算面波的衰减系数，衰减系数即为反演系统的观测值。当模型的纵、横波速度之比小于0.45时，面波仅能够反演介质关于地震横波的品质因子 Q_S，根据反演出的品质因子算出的衰减系数记为反演最终值(图9－2)。

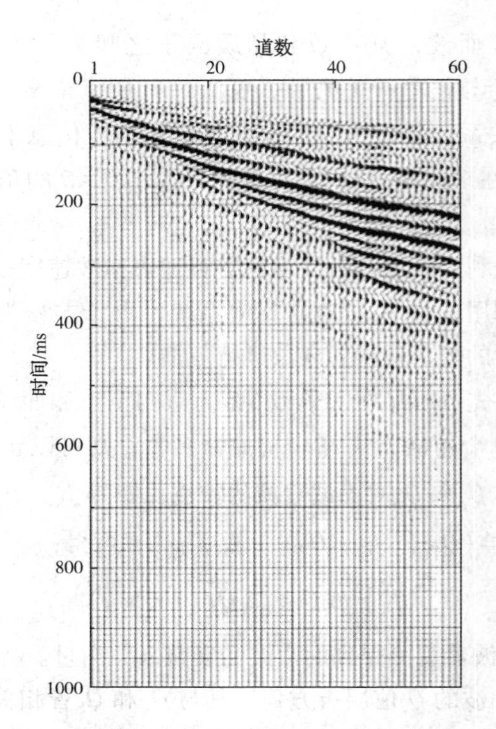

图 9－1　沙漠地区实际面波记录

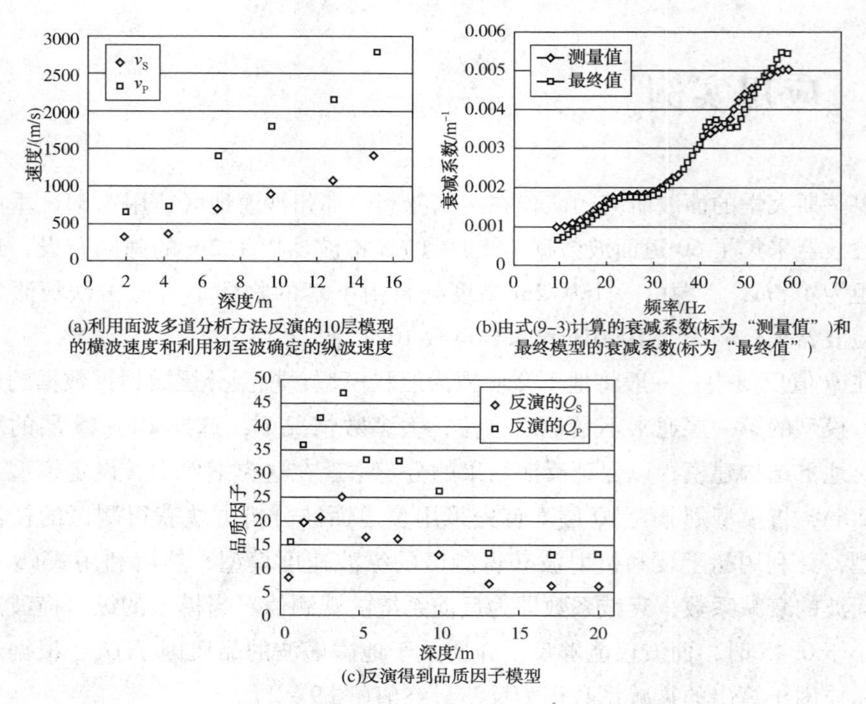

(a)利用面波多道分析方法反演的10层模型的横波速度和利用初至波确定的纵波速度

(b)由式(9-3)计算的衰减系数(标为“测量值”)和最终模型的衰减系数(标为“最终值”)

(c)反演得到品质因子模型

图 9－2　Q 值反演结果

参考文献

[1] Abo-Zena A. Dispersion function computations for unlimited frequency values[J]. Geophysical Journal International, 2007, 58(1): 91-105.

[2] Aki K. Space and time spectra of stationary stochastic wave, with special reference to microtremors[J]. Bull. earthq. res. inst, 1957, 35: 415-456.

[3] Asten M W. On bias and noise in passive seismic data from finite circular array data processed using SPAC methods[J]. Geophysics, 2006, 71(6): V153-V162.

[4] Bensen G D, Ritzwoller M H, Barmin M P, et al. Processing seismic ambient noise data to obtain reliable broad-band surface wave dispersion measurements[J]. Geophysical Journal International, 2007, 169(3): 1239-1260.

[5] Brenguier F, Shapiro N M, Campillo M, et al. 3D surface wave tomography of the Piton de la Fournaise volcano using seismic noise correlations[J]. Geophysical Research Letters, 2007, 34(2): L02305.

[6] Buchen P W, Ben-Hador R. Free-mode surface-wave computations[J]. Geophysical Journal International, 1996, 124(3): 869-887.

[7] Campillo M, Paul A. Long-range correlations in the diffuse seismic coda[J]. Science, 2003, 299(5606): 547-549.

[8] Campillo M, Roux P. Crust and lithospheric structure-seismic imaging and monitoring with ambient noise correlations[J]. Treatise on Geophysics, 2015: 391-417.

[9] Cho K H, Herrmann R B, Ammon C J, et al. Imaging the upper crust of the Korean Peninsula by surface-wave tomography[J]. Bulletin of the Seismological Society of America, 2007, 97(97): 198-207.

[10] Claerbout J F. Synthesis of a layered medium from its acoustic transmission response[J]. Geophysics, 1968, 33(2): 264-269.

[11] Cox H. Spatial correlation in arbitrary noise fields with application to ambient sea noise[J]. Journal of the Acoustical Society of America, 1973, 54(5): 1289-1301.

[12] Derode A, Tourin A, Fink M. Random multiple scattering of ultrasound. II. Is time reversal a self-averaging process[J]. Physical Review E Statistical Nonlinear & Soft Matter Physics, 2001, 64(3 Pt 2): 036606.

[13] Dobrin M B. Dispersion in seismic surface waves[J]. Geophysics, 1951, 16(1): 63-80.

[14] Domingues A, Silveira G, Ferreira A M G, et al. Ambient noise tomography of the East African Rift in Mozambique[J]. Geophysical Journal International, 2016, 204(3): 1565-1578.

[15] Duvall T L, Jeffferies S M, Harvey J W, et al. Time-distance helioseismology[J]. Advances in Space Research, 1993, 362(6419): 163-171.

[16] Ekström G, Abers G A, Webb S C. Determination of surface-wave phase velocities across US-Array from noise and Aki's spectral formulation[J]. Geophysical Research Letters, 2009, 36(18): 64-66.

[17] Gabriels P, Snieder R, Nolet G. In situ measurements of shear-wave velocity in sediments with higher-mode Rayleigh waves[J]. Geophysical Prospecting, 1987, 35(2): 187-196.

[18] Gouedard P, Roux P, Campillo M, et al. Experimental study of the convergence of two-point cross-correlation toward the Green's Function[J]. Journal of the Acoustical Society of America, 2008, 123(5): 3842.

[19] Gouédard P, Yao H, Hilst R D V D, et al. Surface-wave eikonal tomography in a scattering environment[A]. in Seg Technical Program Expanded Abstracts. 2010: 1919-1923.

[20] Graves R W. Simulating seismic wave propagation in 3D elastic media using staggered-grid finite differences[J]. Bull. seism. soc. am, 1996, 86(4): 1091-1106.

[21] Groos J C, Bussat S, Ritter J R R. Performance of different processing schemes in seismic noise cross-correlations[J]. Geophysical Journal International, 2012, 188(2): 498-512.

[22] Gu Y J, Dublanko C, Lerner-Lam A, et al. Probing the sources of ambient seismic noise near the coasts of southern Italy[J]. Geophysical Research Letters, 2007, 34(22): 86-98.

[23] Haskell N A. The dispersion of surface waves on multilayered media[J]. American Geophysical Union. 1953, 86-103.

[24] Hayashi K, Martin A, Hatayama K, et al. Estimating deep S-wave velocity structure in the Los Angeles Basin using a passive surface-wave method[J]. Leading Edge, 2013, 32(6): 620-626.

[25] Herrmann R B. Computer programs in seismology: an evolving tool for instruction and research [J]. Seismological Research Letters, 2013, 84(6): 1081-1088.

[26] Jiang C, Yang Y, Rawlinson N, et al. Crustal structure of the Newer Volcanics Province, SE Australia, from ambient noise tomography[J]. Tectonophysics, 2016, 683: 382-392.

[27] Karray M, Lefebvre G. Techniques for mode separation in Rayleigh wave testing[J]. Soil Dynamics and Earthquake Engineering, 2009, 29(4): 607-619.

[28] Kim S, Nyblade A A, Rhie J, et al. Crustal S-wave velocity structure of the Main Ethiopian Rift from ambient noise tomography[J]. Geophysical Journal International, 2012, 191(2): 865-878.

[29] Knopoff L. A matrix method for elastic wave problems[J]. Bulletin of the Seismological Society of America, 1964, 54(1): 431-438.

[30] Larose E, Derode A, Campillo M, et al. Imaging from one-bit correlations of wideband diffuse wave fields[J]. Journal of Applied Physics, 2004, 95(12): 8393-8399.

[31] Li A. Shear velocity structure and azimuthal anisotropy beneath eastern North America from Rayleigh wave inversion[J]. Journal of Geophysical Research, 2003, 108(B8): ESE1. 1-

ESE1. 24.

[32] Li X X, Li Q C. Near-surface ambient noise tomography in the Baogutu copper deposit area [J]. Journal of Geophysics and Engineering, 2016, 13(6): 868 – 874.

[33] Lin F C, Li D, Clayton R W, et al. High-resolution 3D shallow crustal structure in Long Beach, California: Application of ambient noise tomography on a dense seismic array[J]. Geophysics, 2013, 78(4): Q45 – Q56.

[34] Lin F C, Moschetti M P, Ritzwoller M H. Surface wave tomography of the western United States from ambient seismic noise: Rayleigh and Love wave phase velocity maps[J]. Geophysical Journal International, 2008, 173(1): 281 – 298.

[35] Lin F C, Ritzwoller M H, Snieder R. Eikonal tomography: surface wave tomography by phase front tracking across a regional broad-band seismic array[J]. Geophysical Journal International, 2009, 177(3): 1091 – 1110.

[36] Lin F C, Ritzwoller M H, Townend J, et al. Ambient noise Rayleigh wave tomography of New Zealand[J]. Geophysical Journal International, 2007, 170(2): 649 – 666.

[37] Lin J, Zhao K, Luo Y, et al. Combined use of active and passive surface waves for the S-wave velocity structure delineation beneath the Balikun Basin, China[A]. Beijing: 7th International Conference on Environmental and Engineering Geophysics, 2016.

[38] Lobkis O I, Weaver R L. On the emergence of the Green's function in the correlations of a diffuse field[J]. The Journal of the Acoustical Society of America, 2001, 110(6): 3011 – 3017.

[39] Lu J Q, Li S Y, Li W. Surface wave dispersion imaging using improved τ – p transform approach[J]. Applied Mechanics and Materials, 2013, 353 – 356: 1196 – 1202.

[40] Luo Y, Xia J, Miller R D, et al. Rayleigh-wave mode separation by high-resolution linear Radon transform[J]. Geophysical Journal International, 2009, 179(1): 254 – 264.

[41] Luo Y, Xia J, Miller R, et al. Rayleigh-Wave dispersive energy imaging using a high-resolution linear radon transform[J]. Pure and Applied Geophysics, 2008, 165(5): 903 – 922.

[42] Luo Y, Yang Y, Xu Y, et al. On the limitations of interstation distances in ambient noise tomography[J]. Geophysical Journal International, 2015, 201(2): 158 – 160.

[43] Margerin L, Sato H. Reconstruction of multiply-scattered arrivals from the cross-correlation of waves excited by random noise sources in a heterogeneous dissipative medium[J]. Wave Motion, 2011, 48(2): 146 – 160.

[44] Mcmechan G A, Yedlin M J. Analysis of dispersive waves by wave field transformation[J]. Geophysics, 1981, 46(6): 869 – 874.

[45] Moschetti M P, Ritzwoller M H, Shapiro N M. Surface wave tomography of the western United States from ambient seismic noise: rayleigh and love wave phase velocity maps[J]. Geochemistry Geophysics Geosystems, 2013, 8(8): 281 – 298.

[46] Nakahara H. A systematic study of theoretical relations between spatial correlation and Green's

function in one-, two- and three-dimensional random scalar wavefields[J]. Geophysical Journal International, 2006, 167(3): 1097 – 1105.

[47] Nazarian S, Stokoe K H. Evaluation of moduli and thicknesses of pavement systems by spectral-analysis-of-surface-waves method[R]. Texas State Department of Highways and public Transportation, Austin, 1983.

[48] Nishida K, Kawakatsu H, Obara K. Three-dimensional crustal S wave velocity structure in Japan using microseismic data recorded by Hi-net tiltmeters[J]. Journal of Geophysical Research, 2008, 113(B10): B10302.

[49] Park C B, Miller R D. Roadside passive multichannel analysis of surface waves (MASW)[J]. Journal of Environmental & Engineering Geophysics, 2008, 13(1): 1 – 11.

[50] Park C B, Miller R D, Ryden N, et al. Combined use of active and passive surface waves[J]. Journal of Environmental & Engineering Geophysics, 2005, 10(3): 323 – 334.

[51] Park C B, Miller R D, Xia J. Imaging dispersion curves of surface waves on multi-channel-record[J]. Seg Expanded Abstracts, 1998, (1): 1377.

[52] Park C B, Miller R D, Xia J, et al. Multichannel analysis of surface waves (MASW)—active and passive methods[J]. Leading Edge, 2007, 26(1): 800 – 808.

[53] Peterson J. Observations and modeling of seismic background noise[R]. U. S. Open File Report, 1993.

[54] Picozzi M, Parolai S, Bindi D, et al. Characterization of shallow geology by high-frequency seismic noise tomography[J]. Geophysical Journal International, 2009, 176(1): 164 – 174.

[55] Rawlinson N, Pilia S, Young M, et al. Crust and upper mantle structure beneath southeast Australia from ambient noise and teleseismic tomography[J]. Tectonophysics, 2015, 689: 143 – 156.

[56] Rayleigh L. On waves propagated along the plane surface of an elastic solid[J]. Proceedings of the London Mathematical Society, 1887, 17: 4 – 11.

[57] Ridder S A L D. Ambient seismic noise eikonal tomography for near-surface imaging at Valhall [J]. Leading Edge, 2011, 30(5): 506 – 512.

[58] Ritzwoller M H, Lin F C, Shen W. Ambient noise tomography with a large seismic array[J]. Comptes Rendus Geoscience, 2011, 343(8 – 9): 558 – 570.

[59] Rix G J, Leipski E A. Accuracy and resolution of surface wave inversion[A]. in Recent Advances in Instrumentation, Data Acquisition and Testing in Soil Dynamics. Publication of American Society of Civil Engineers, 1991: 17 – 32.

[60] Roux P, Sabra K G, Gerstoft P, et al. P-waves from cross-correlation of seismic noise[J]. Geophysical Research Letters, 2005, 32(19): 312 – 321.

[61] Sabra K G, Roux P, Kuperman W. A. Arrival-time structure of the time-averaged ambient noise cross-correlation function in an oceanic waveguide[J]. Journal of the Acoustical Society

of America, 2005, 117(1): 164 - 174.

[62] Saygin E, Kennett B L N. Ambient seismic noise tomography of Australian continent[J]. Tectonophysics, 2010, 481(1-4): 116-125.

[63] Schwab F A, Knopoff L. Fast surface wave and free mode computations[J]. Methods in Computational Physics Advances in Research & Applications, 1972, 11: 87 - 180.

[64] Schwab F, Knopoff L. Surface-wave dispersion computations[A]. 1970: 321 - 344.

[65] Shapiro N M, Campillo M. Emergence of broadband Rayleigh waves from correlations of the ambient seismic noise[J]. Geophysical Research Letters, 2004, 31(7): 07614.

[66] Shapiro N M, Campillo M, Stehly L, et al. High-resolution surface-wave tomography from ambient seismic noise[J]. Science, 2005, 307(5715): 1615 - 1618.

[67] Shapiro N M, Ritzwoller M H, Bensen G D. Source location of the 26 sec microseism from cross-correlations of ambient seismic noise[J]. Geophysical Research Letters, 2006, 33(18): 273 - 274.

[68] Shen P, Shen Y, Pan H, et al. Baogutu porphyry Cu-Mo-Au deposit, West Junggar, Northwest China: petrology, alteration, and mineralization[J]. Economic Geology, 2010, 105(5): 947 - 970.

[69] Snieder R. Extracting the Green's function from the correlation of coda waves: A derivation based on stationary phase[J]. Physical Review E, 2004, 69(4): 046610.

[70] Stehly L, Campillo M, Shapiro N M. A study of the seismic noise from its long-range correlation properties[J]. Journal of Geophysical Research Solid Earth, 2006, 111(B10): 5251 - 5252.

[71] Thrower E N. The computation of dispersion of elastic waves in layered media[J]. Journal of Sound & Vibration, 1965, 2(3): 210 - 226.

[72] Tokimatsu K, Tamura S, Kojima H. Effects of multiple modes on rayleigh wave dispersion characteristics[J]. Journal of Geotechnical Engineering, 1992, 118(10): 1529 - 1543.

[73] Tsai V C, Moschetti M P. An explicit relationship between time-domain noise correlation and spatial autocorrelation (SPAC) results[J]. Geophysical Journal International, 2010, 182(1): 454 - 460.

[74] Wapenaar K. Retrieving the elastodynamic Green's function of an arbitrary inhomogeneous medium by cross correlation[J]. Physical Review Letters, 2004, 93(25): 254301.

[75] Wapenaar K, Slob E, Snieder R. Unified Green's function retrieval by cross correlation[J]. Phys Rev Lett, 2006, 97(23): 234301.

[76] Weaver R L. Information from seismic noise[J]. Science, 2005, 307(5715): 1568 - 1569.

[77] Xia J, Chen C, Tian G, et al. Resolution high-frequency rayleigh wave data[J]. Journal of Environmental & Engineering Geophysics, 2005, 10(2): 99 - 110.

[78] Xia J, Miller R D, Park C B. Estimation of near-surface shear-wave velocity by inversion of Rayleigh waves[J]. Geophysics, 1999, 64(3): 691 - 700.

[79] Xia J, Miller R D, Park C B, et al. Determining Q of near-surface materials from Rayleigh waves[J]. Journal of Applied Geophysics, 2002, 51(2-4): 121-129.

[80] Xia J, Miller R D, Park C B, et al. Inversion of high frequency surface waves with fundamental and higher modes[J]. Journal of Applied Geophysics, 2003, 52(1): 45-57.

[81] Yang Y, Forsyth D W. Rayleigh wave phase velocities, small-scale convection, and azimuthal anisotropy beneath southern California[J]. Journal of Geophysical Research, 2006, 111(B7): B07306.

[82] Yang Y, Li A, Ritzwoller M H. Crustal and uppermost mantle structure in southern Africa revealed from ambient noise and teleseismic tomography[J]. Geophysical Journal International, 2008, 174(1): 235-248.

[83] Yang Y, Ritzwoller M H. Characteristics of ambient seismic noise as a source for surface wave tomography[J]. Geochemistry Geophysics Geosystems, 2013, 9(9): 1256-1256.

[84] Yang Y, Ritzwoller M H, Lin F C, et al. Structure of the crust and uppermost mantle beneath the western United States revealed by ambient noise and earthquake tomography[J]. Journal of Geophysical Research, 2008, 113(B12): B12310.

[85] Yao H, Campman X, De Hoop M V, et al. Estimation of surface wave Green's functions from correlation of direct waves, coda waves, and ambient noise in SE Tibet[J]. Physics of the Earth and Planetary Interiors, 2009, 177(1-2): 1-11.

[86] Yao H, Van Der Hilst R D, De Hoop M V. Surface-wave array tomography in SE Tibet from ambient seismic noise and two-station analysis. Phase velocity maps[J]. Geophysical Journal International, 2006, 166(2): 732-744.

[87] Yin X, Xu H, Wang L, et al. Improving horizontal resolution of high-frequency surface-wave methods using travel-time tomography [J]. Journal of Applied Geophysics, 2016, 126: 42-51.

[88] Yokoi T, Margaryan S. Re-checking spatial auto correlation method based on the theory of seismic interferometry[J]. Geophysical Exploration, 2008, 61: 87-99.

[89] Young M K, Rawlinson N, Arroucau P, et al. High-frequency ambient noise tomography of southeast Australia: New constraints on Tasmania's tectonic past[J]. Geophysical Research Letters, 2011, 38(13): 1-6.

[90] Zhou L, Xie J, Shen W, et al. The structure of the crust and uppermost mantle beneath South China from ambient noise and earthquake tomography[J]. Geophysical Journal International, 2012, 189(3): 1565-1583.

[91] Zhou Y, Dahlen F A, Nolet G. Three-dimensional sensitivity kernels for surface wave observables[J]. Geophysical Journal International, 2004, 158(1): 142-168.

[92] Zor E, Ozalaybey S, Karaaslan A, et al. Shear wave velocity structure of the İzmit Bay area (Turkey) estimated from active-passive array surface wave and single-station microtremor meth-

ods[J]. Geophysical Journal International, 2010, 182(3): 1603 - 1618.
[93] 陈伟. 基于背景噪声的面波频散分析方法研究[D]. 武汉: 中国地质大学(武汉), 2010.
[94] 房立华, 吴建平, 吕作勇. 华北地区基于噪声的瑞利面波群速度层析成像[J]. 地球物理学报, 2009, 52(3): 663 - 67.
[95] 房立华. 华北地区瑞利面波噪声层析成像研究[D]. 北京: 中国地震局地球物理研究所, 2009.
[96] 冯少孔. 微动勘探技术及其在土木工程中的应用[J]. 岩石力学与工程学报, 2003, 22(6): 1029 - 1036.
[97] 何正勤, 丁志峰, 贾辉, 等. 用微动中的面波信息探测地壳浅部的速度结构[J]. 地球物理学报, 2007, 050(002): 492 - 498.
[98] 黄忠贤. 华北地区地壳上地幔速度各向异性研究[J]. 地球物理学报, 2011, 54(3): 681 - 691.
[99] 廖成旺, 邓涛, 丁炜, 等. 微动台阵布设精密定位系统设计[J]. 大地测量与地球动力学, 2009, 29(5): 147 - 151.
[100] 李庆春, 邵广周, 刘金兰, 等. 瑞雷面波勘探的过去、现在和未来[J]. 地球科学与环境学报, 2006, 28(3): 74 - 77.
[101] 李振振. AVF 反演方法研究[D]. 东营: 中国石油大学(华东), 2015.
[102] 林志平, 林俊宏, 吴柏林, 等. 浅地表地球物理技术在岩土工程中的应用与挑战[J]. 地球物理学报, 2015, 58(8): 2664 - 2680.
[103] 刘江平. 相邻道瑞雷波法及在防渗墙强度检测中的应用[J]. 人民长江, 2003, 34(2): 34 - 36.
[104] 刘文红. 黄土高原滑坡发育背景与成灾模式研究[D]. 西安: 长安大学, 2016.
[105] 刘云祯, 王振东. 瞬态面波法的数据采集处理系统及其应用实例[J]. 物探与化探, 1996, 20(1): 28 - 34.
[106] 刘志坤. 基于背景噪声的地下结构随时间变化监测和成像研究[D]. 合肥: 中国科学技术大学, 2014.
[107] 卢建旗. 多道面波分析方法及其应用研究[D]. 哈尔滨: 中国地震局工程力学研究所, 2013.
[108] 鲁来玉, 何正勤, 丁志峰, 等. 基于背景噪声研究云南地区面波速度非均匀性和方位各向异性[J]. 地球物理学报, 2014(03): 138 - 152.
[109] 罗松. SPAC 数据处理技术研究及其在克拉玛依噪声数据上的应用[D]. 武汉: 中国地质大学, 2014.
[110] 罗银河, 夏江海, 刘江平, 等. 基阶与高阶瑞利波联合反演研究[J]. 地球物理学报, 2008, 51(1): 242 - 249.
[111] 邵广周, 李庆春, 吴华. 基于波场数值模拟的瑞利波频散曲线特征及各模式能量分布[J]. 石油地球物理勘探, 2015, 50(2): 306 - 315.

[112] 邵广周. 多阶模式瑞利波频散特征与反演研究[D]. 西安: 长安大学, 2009.

[113] 苏有锦. 云南地区地震波衰减(Q值)结构反演成像研究[D]. 中国科学技术大学, 2009.

[114] 孙勇军, 徐佩芬, 凌甦群, 等. 微动勘查方法及其研究进展[J]. 地球物理学进展, 2009, 24(1): 326-334.

[115] 王建文, 孙秀容, 王宏科, 等. 双源面波地震勘探在煤层采空区探测中的应用[J]. 工程地球物理学报, 2010, 07(4): 403-407.

[116] 王伟涛, 倪四道, 王宝善. 地球背景噪声干涉应用研究的新进展[J]. Earthquake Research in China, 2011, 27(1): 1-13.

[117] 王振东. 双源面波勘探构想[J]. 中国地质, 1998, (4): 47-48.

[118] 徐佩芬, 李传金, 凌甦群, 等. 利用微动勘察方法探测煤矿陷落柱[J]. 地球物理学报, 2009, 52(7): 1923-1930.

[119] 徐义贤, 罗银河. 噪声地震学方法及其应用[J]. 地球物理学报, 2015, 58(8): 2618-2636.

[120] 杨成林. 瑞雷波法勘探原理及其应用[J]. 物探与化探, 1989, 13(6): 465-468.

[121] 叶庆东. 大别苏鲁地区背景噪声成像与汶川地震科学钻探井孔附近微震定位[D]. 北京: 中国地震局地球物理研究所, 2014.

[122] 尹晓菲. 高频面波的灵敏性分析及其反演方法的研究[D]. 武汉: 中国地质大学, 2016.

[123] 张邦. 三维复杂介质弹性波场有限差分数值模拟方法研究[D]. 西安: 长安大学, 2016.

[124] 张碧星, 鲁来玉, 鲍光淑. 瑞利波勘探中"之"字形频散曲线研究[J]. 地球物理学报, 2002, 45(02): 263-274.

[125] 张朝锋. 渭河地堑的形成演化及其动力学机制[D]. 西安: 西北大学, 2011.

[126] 张大洲, 顾汉明, 熊章强, 等. 基于多模态分离的面波谱分析方法[J]. 地球科学: 中国地质大学学报, 2009, 34(6): 1012-1018.

[127] 张大洲, 熊章强, 秦臻. 基于Fourier变换的瑞雷面波分离提取及实例分析[J]. 中南大学学报(自然科学版), 2010, 41(2): 643-648.

[128] 张立. 层状介质中瑞利面波波场特征分析和反演方法研究[D]. 重庆: 西南交通大学, 2009.

[129] 张茂省, 李同录. 黄土滑坡诱发因素及其形成机理研究[J]. 工程地质学报, 2011, 19(4): 530-540.

[130] 张维. 用人工源和天然源面波联合探测浅层速度结构[D]. 北京: 中国地震局地球物理研究所, 2012.

[131] 赵成刚, 王磊, 李伟华. 具有饱和土沉积层的充水河谷对平面瑞雷波的散射[J]. 地球物理学报, 2008, 49(5): 212-224.